徐卫红 主 编

王卫中 王宏信 谢文文 副主编

健康蔬菜

高效栽培

U0264578

化学工业出版社

·北京·

图书在版编目（CIP）数据

健康蔬菜高效栽培/徐卫红主编．—北京：化学
工业出版社，2017.7（2018.10重印）
ISBN 978-7-122-29767-9

Ⅰ.①健… Ⅱ.①徐… Ⅲ.①蔬菜园艺 Ⅳ.①S63

中国版本图书馆 CIP 数据核字（2017）第 118214 号

责任编辑：张林爽 　　　　　　　　装帧设计：张　辉
责任校对：王　静

出版发行：化学工业出版社
　　　　　（北京市东城区青年湖南街 13 号　邮政编码 100011）
印　　刷：三河市延风印装有限公司
装　　订：三河市宇新装订厂
850mm×1168mm　1/32　印张 7　字数 187 千字
2018 年 10 月北京第 1 版第 2 次印刷

购书咨询：010-64518888（传真：010-64519686）
售后服务：010-64518899
网　　址：http://www.cip.com.cn
凡购买本书，如有缺损质量问题，本社销售中心负责调换。

定　　价：29.80 元　　　　　　　　版权所有　违者必究

前　言

　　近年来，伴随着食品工业和农业的快速发展，各种食品添加剂、激素、杀虫剂以及化肥等的滥用，造成严重环境污染的同时，也给人类带来了严重的食品安全问题，诸如苏丹红、牛肉膏、毒生姜、毒豆芽等，消费者不再仅仅关注食品的数量和价格，而是越来越注重食品的质量、安全问题。蔬菜作为人们日常饮食中不可缺少的食品之一，其安全与否直接关系着广大消费者的健康。

　　我国是世界蔬菜种植面积和产量列第一的国家，占世界种植面积的43％。有机蔬菜的种植面积在亚洲排名第一，暂居世界第13位，且发展迅速、潜力巨大。目前国际市场上有机蔬菜的价格是普通蔬菜的5～10倍，其创造的总收益远高于种植成本，盈利空间较大。

　　我国也是世界上第一个由政府部门倡导开发绿色蔬菜的国家。农业部于2001年4月启动了"无公害食品行动计划"，并率先在北京、天津、上海、深圳4个城市进行试点。大力发展绿色蔬菜是适应当前社会生活的迫切需求，也是未来发展蔬菜产业的大方向。

　　锌、铁、硒、钙等是人体不可缺少的必需微量元素，与人体健康密切相关。缺乏微量元素会导致机体免疫力下降，抗病能力差，引起人体多种疾病。2008年1月召开的全国首届"肥料与食物链营养高层论坛"上，中国植物营养与肥料学会提出了"营养植物，健康人类"的主题口号。提倡从作为人类食物链源头的肥料来解决人体缺素问题。所谓强化营养蔬菜，即是利用较简单的栽培方法，在现有蔬菜的种类上，增补特定的营养成分，使之成为富含某种营养的蔬菜，如富锌、富铁、富硒、富钙、富钼蔬菜等。强化营养蔬菜在改善我国人民的膳食结构，增强国人体质的作用是显而易见的。

随着经济的发展，人们对蔬菜安全、营养、保健问题越来越重视。安全、放心、营养、具有保健功能的蔬菜越来越成为人们的追求。食用有机蔬菜、绿色蔬菜、强化营养蔬菜不仅是人们追求健康的一种方式，也标志着人们对高质量生活水平的追求。

本书以科学性、实用性、可操作性为编写出发点，全书共分上、中、下篇，上篇介绍了有机蔬菜的概念和发展前景、有机蔬菜栽培中的肥料及农药使用、有机蔬菜栽培中存在的问题、有机蔬菜种植技术及我国有机蔬菜标准；中篇主要介绍了绿色蔬菜标准化生产的意义、发展趋势、绿色蔬菜标准化生产的问题和对策、绿色蔬菜标准化生产技术及绿色蔬菜标准化生产的国家标准；下篇详细介绍了强化营养蔬菜的含义和作用、国内外强化营养蔬菜的发展概况、强化营养蔬菜栽培技术的理论根据及其补充方法、富硒钼铁锌钙蔬菜栽培技术及我国富硒钼铁锌钙产品标准。由于其内容丰富，配有丰富的图表，通俗易懂，适合于肥料企业、农业技术推广等部门的技术与管理人员及种植户阅读，也可作为高等农业院校相关专业师生的参考用书及教材用书。

本书上篇由徐卫红、王宏信、王卫中、谢文文、迟苏琳撰写；中篇由徐卫红、王卫中、陈序根、陈永勤、王宏信撰写；下篇由徐卫红、王卫中、赵婉伊、迟苏琳、陈永勤、秦余丽、陈序根、王宏信撰写。

在本书编写中，我们力求避免错误和不足，力求各章内容的准确和协调，但书中难免还有疏漏或不妥之处，尚祈有关专家惠予指正，恳请广大读者和师生在使用中随时提出宝贵意见，以便及时补遗勘误。

编　者

目 录

上 篇
有机蔬菜高效栽培新技术

我国是世界蔬菜种植面积和产量列第一的国家。我国蔬菜的种植面积达 2000 多万平方公顷，年产量超 7 亿吨，人均占有量达 500 多千克，均居世界第一位。有机蔬菜（图 1-1）的种植面积在亚洲排名第一，暂居世界第 13 位。虽然有机蔬菜在我国取得一定的发展，但有机蔬菜种植面积只占我国农业用地的 0.011%，有机产品种植面积占我国农业用地的 0.06%，所占比重非常小。目前，我国有机蔬菜的生产地区主要集中在北京、上海、山东、福建等地，其中北京、上海、山东、福建四个省市的有机蔬菜种植面积占到全国有机蔬菜种植面积的一半以上。

一、有机蔬菜的概念

（一）定义

有机蔬菜是指按照有机农业生产标准生产的蔬菜，即在生产中不使用人工合成的肥料、农药、生长调节剂、化学添加剂和畜禽饲料添加剂等人工合成物质，不采用基因工程获得的生物及其产物，遵循自然规律和生态学原理，并通过国家有机食品认证机构认证的农产品及其加工产品。我国的有机食品需要经过国家环境保护部有机食品发展中心（OFDC）认定（图 1-2）。

（二）特点

有机蔬菜具有高维生素含量、高水分含量、保存时间长以及无农药残留的特点。有机蔬菜是一种健康安全的蔬菜，与通常的蔬菜

图 1-1　超市中有机蔬菜

图 1-2　有机蔬菜认证标志

相比，有机蔬菜含有更多的营养。

（三）有机蔬菜生产基地的选择

有机蔬菜基地的选择是十分讲究的，主要有三点要求：第一，有机蔬菜生产基地的土地是完整成片的地块，其种植地与普通种植地有明显的区别；第二，基地周围的大气环境良好，尤其是对灌溉用水的要求颇为严格，多为天然无污染的山泉水；第三，基地土壤肥沃且不含有毒物质，土地多为草炭土，耕作性良好。

二、有机蔬菜的发展前景

近50年来人口迅速增加，对农产品的需求不断增加，主要靠扩大耕地面积和提高单产来增加农产品的产量。由于过分依赖化肥和农药的农业，已造成了严重的环境污染。化肥除了破坏土壤的团粒结构外，还带来其他的污染，如磷肥的原料磷矿石中，除富含P_2O_5外，还含有砷、镉、铬、氟、钯等无机元素，这些元素随磷一起施到土壤中，长期积累就成为有污染的物质。此外，垃圾、污泥、污水，大型畜禽加工厂排出的废水，均含有污染物，过量集中施入农田，也会使有毒物质积累和重金属超标，导致人畜致病。据2011年对我国26个城市土壤样品的重金属含量分析发现，各金属平均含量均超过了土壤环境背景值，其中以镉污染最为严重，是背景值的91.4倍。在这种情况下，我国开发无污染、安全、优质的有机蔬菜，不但利于发展可持续农业，还可以保护生态环境和提高食物安全性。同时，有机蔬菜在生产过程中，不使用任何化肥和农药，在生产过程中减少农户的现金投入，就市场售价而言，有机蔬菜远远高于普通蔬菜，低投入和高回报，农民可从中获取巨大利润。

随着民众对有机蔬菜的关注度不断提高，我国有机蔬菜的发展具有广阔的发展前景。

（一）广阔的市场前景

我国在1994年国家环境保护总局有机食品发展中心（OFDC）成立后才开发有机蔬菜。据统计，我国在2000年通过有机食品生产认证的土地面积达到10万公顷，出口贸易额达到2000万美元。

近年来我国有机食品的年出口额和年产量增长率都在 30% 以上。

有机食品已成为当代追求食品安全人们的选择，面对广大的消费者群体，有机蔬菜具有广阔的市场。同时国际市场对有机蔬菜的需求也越来越大。由于有机蔬菜的营养成分比普通蔬菜含量高，品质风味更好，安全性高，非常有益于人们的健康，推测在未来 5～10 年将会全面压倒普通蔬菜，成为市民的首选。

（二）提高人们的生活水平

随着经济的发展，人们对蔬菜安全问题越来越重视，安全、放心的蔬菜越来越成为人们的追求，有机蔬菜无污染、高品质、营养丰富也为有机加工食品提供可靠的原料保证，从而提高人民的生活质量。食用有机蔬菜不仅是人们追求健康的一种方式，也标志着人们对高质量生活水平的追求。

（三）推动农业发展

有机蔬菜的发展对推动我国农业的发展起到了促进作用。发展有机蔬菜种植，有利于提高国内的农业发展水平，对提高我国食品安全的形象、促进出口都有着重大影响。有机蔬菜生产方式减少了化肥、农药的施用量，采取无污染措施，达到真正高效、环保、可持续发展。

（四）推动我国经济增长

发展有机蔬菜种植有利于我国国民经济的增长。20 世纪 90 年代以来，我国有机蔬菜的出口量逐年增加，出口国家主要以欧盟、美国和日本为主。目前国际市场上有机蔬菜的价格是普通蔬菜的 5～10 倍，其创造的总收益远高于种植成本，盈利空间较大。同时，在国内，人们对健康安全的关注不断提高，购买有机蔬菜的消费人群不断扩大，发展前景将十分广阔。

三、有机蔬菜的合理施肥原则与施肥种类

（一）施肥原则

有机蔬菜因其高质要求，对施用肥料同样要严格控制，避免施

用化肥及未腐熟的有机肥，因未腐熟的有机肥通常含有各种病菌，导致蔬菜染病，引起病害暴发。其施肥原则是在培肥土壤的基础上，通过土壤微生物的作用来供给作物养分，要求以有机肥为主，辅以生物肥料，并适当种植绿肥作物培肥土壤。

（二）施肥种类

有机蔬菜施肥首先要避免施用化肥，适用于有机蔬菜的肥料包括以下几种。

（1）有机肥料　包括厩肥、堆肥、绿肥、沼气肥、作物秸秆、泥肥、饼肥、绿肥（如草木樨、田菁、柽麻、紫花苜蓿、紫云英等）。

（2）生物有机肥　包括根瘤菌肥料、腐殖酸类肥料、磷细菌肥料及复合微生物肥料等。同时还包括有机认证机构认证的有机专用肥和部分微生物肥料。

（3）其他有机生产产生的废料　如骨粉、海肥、二氧化碳气体肥等。

（三）有机肥在有机蔬菜上的应用

1. 有机蔬菜肥料无害化处理

有机蔬菜肥料无害化处理是确保有机蔬菜安全的前提。有机蔬菜肥料一般采用自制的腐熟有机肥或采用通过认证、允许在有机蔬菜生产上使用的一些肥料厂家生产的纯有机肥料，如以鸡粪、猪粪为原料的有机肥。这些有机肥经过厂家一系列处理，杀灭了病虫草害，不会对有机蔬菜生产产生负面影响。也可以施用沤制或者堆制的有机肥，但需要确保有机肥料腐熟，以杀死肥料里的病虫草害源等，防止污染蔬菜。肥料的腐熟过程就是肥料的无害化处理，需要在施前2个月进行。腐熟方法是将肥料泼水拌湿、堆积、覆盖塑料膜，使其充分发酵腐熟。腐熟后的肥料不仅可以有效地杀灭农家肥中带有的病虫草害，且处理后的肥料易被蔬菜吸收利用，因为发酵期堆内温度高达60℃以上。

2. 施用技术

有机肥养分含量不像化肥那样高，所以施用时应该考虑量的充足，以保证有足够养分供给蔬菜生长，否则，如果肥料不充足，会引起有机蔬菜出现缺肥症状，生长迟缓，影响产量，降低蔬菜质量。肥料使用应做到种菜与培肥地力同步进行，另外，不能不分蔬菜种类、土壤性质及蔬菜生长时期施用，应根据肥料特点及不同的土壤性质、不同的蔬菜种类和不同的生长发育期灵活搭配，科学施用。如人粪尿及厩肥要充分发酵腐熟，最好通过生物菌沤制，并且追肥后要浇清水冲洗；薯类、瓜类及甜菜等作物对氮素营养要求不高，而人粪尿含氮量高，在这些作物上不宜过多施用；秸秆类肥料在作物播种或移栽前及早翻压入土，因为这些肥料在矿化过程中易于引起土壤缺氧，并产生植物毒素；施用有机复合肥最好配施农家肥，以提高肥效，因为有机复合肥一般为长效性肥料。有机肥的肥效缓慢，可以使用某些微生物，如具有固氮、解磷、解钾作用的根瘤菌、芽孢杆菌、光合细菌和溶磷菌等来弥补这一缺点，因为这些有益菌的活动会加速养分释放与养分积累，促进有机蔬菜对养分的有效利用。有机蔬菜的有机肥料可以通过基施与追施两种方法施用，以持续满足蔬菜不同生长阶段对肥料的养分需求。

（1）基肥　将施肥总量80%用作底肥，结合耕地将肥料均匀地混入耕作层内，以利于根系吸收。结合整地施腐熟的牛栏粪、猪圈粪、鸡粪等或生物堆肥，有条件的可使用有机复合肥作种肥，如用市场上的益利来活性（生物）有机肥及商品有机复合肥等。基肥的施用注意时期与施用方式。基肥施用方法是在移栽或播种前开沟条施或穴施在种子或幼苗下面，施肥深度以5～10厘米较好，注意中间隔土。

（2）追肥　追肥的作用是在蔬菜快速生长期施用，满足蔬菜对营养元素的需求。追肥的施用要巧，应根据蔬菜种类、生长时期、植株密度等采取适宜的追施方式。如种植密度大、根系浅的蔬菜可采用铺肥追肥方式，当蔬菜长至3～4片叶时，将经过晾干制细的肥料均匀撒到菜地内，并及时浇水。对于种植行距较大、根系较集中的蔬菜，可开沟条施追肥，开沟时不要伤断根系，用土盖好后及时浇水。种植株行距较大的蔬菜可采用开穴追肥方式施用。追肥分土壤施肥和叶面施肥。土壤追肥是在蔬菜旺盛生长期结合浇水、培土等进行追施，主要使用人粪尿及普利生物肥等。叶面施肥可在苗期、生长期选取生物有机叶面肥，如得利 500 倍液、亿安神力 500 倍液喷洒，每隔 7～10 天喷 1 次，连喷 2～3 次。

（四）生物有机肥在有机蔬菜上的应用

1. 生物有机肥施用条件

把生物有机肥中大量有益的微生物加入到作物根际和土壤中，改善根际生态环境，提高供肥水平，降低农产品中亚硝酸盐含量。依靠微生物的活动使作物增产，但在使用前要严格按照使用说明书的要求操作。如在蔬菜种子播种前用微生物催芽，拌种时随拌随用，就能达到苗齐、苗壮；在基肥施入前用适量的微生物，应与有机肥配施，施后立即覆土，能促使肥效很好地释放出来，满足蔬菜作物整个生长期的需要；追肥要注意在蔬菜作物开花前施用，施用时一要保证有足够数量的有效微生物，二要具备适宜有益微生物生长的环境条件。适宜的土壤环境条件和营养条件是微生物肥料中有益微生物大量繁殖与发挥作用的重要前提。一般要求土壤疏松，通气良好；及时排灌，水分适量；温度适宜；土壤 pH 值 6.6～7.5；有足够的有机能源。

2. 生物有机肥的施用方法

生物有机肥肥效具有"速、缓、稳、长"的特点，施用时应以基施、早施、集中施为好，也就是说此种肥料运用于拌种、沾根、点施、穴施、条施，以使肥力集中。早施避免作物贪青晚熟，同时注意水肥结合，发挥有益微生物的作用，这样可使蔬菜抗病、促其生长、发根、壮苗和果实饱满，获得有机蔬菜应有的品质。不同蔬菜，肥料的施用量和施用方法也不同，叶菜类蔬菜的施肥量一般为50～100 千克/亩，生育期短的叶菜全部作基肥施用，生育期长的叶菜以施肥总量的 70% 作基肥，30% 作追肥；瓜类、茄果类蔬菜施肥量一般为 100～200 千克/亩，以施肥总量的 40% 作基肥，60% 作追肥，进入开花结果期要重施追肥；豆类蔬菜施肥量一般为40～50 千克/亩，以施肥总量的 70% 作基肥，30% 作追肥；薯芋类、根菜类蔬菜的施肥量一般为 100~150 千克/亩，以施肥总量的 60% 作基肥，40% 作追肥，进入块根或块茎膨大期要重施追肥。所有肥料都应在采收前 20 天施完。

（五）有机生产产生的废料在有机蔬菜上的应用

应用在有机蔬菜生产上常见的有机生产产生的废料有骨粉、海肥、二氧化碳气体肥等。骨粉是由各种骨蒸煮或者焙烧后粉碎而成的一种肥料，由于含有较多的脂肪，因此分解比较困难，肥效缓慢。往往需要脱脂后才能提高肥效。使用重点在十字花科作物，适宜作为基肥，尤其集中条施或穴施较好，且夏季施用比冬季效果好。海肥是利用海产物制成的肥料，如鱼杂、虾糠、海星，以及海生植物如海藻、海青苔等。植物性海肥一般是将其切碎后，与泥土掺混堆沤 2 个月，经腐熟后施用，一般作为基肥，也可以作为种肥。动物性海肥一般不能直接施用，需要在池内或者缸内加水 4~6 倍，搅拌均匀后加盖沤制 10~15 天，待腐熟后兑水 1~2 倍，开穴浇施，也可以作为追肥。二氧化碳气体肥料可以增加大棚内蔬菜对太阳能的利用效率。大多数蔬菜适宜的浓度为 0.08%~0.12%。施用时间一般在日出 1 小时后开始施用，施用方法有钢瓶法、燃烧法、干冰法、化学反应法、颗粒法等。

四、有机蔬菜的合理用药要求与农药种类

（一）无公害蔬菜、有机蔬菜用药主要类型及特点

1. 生物农药

生物农药是指利用生物活体或者其代谢产物对害虫、病菌、杂草、线虫、鼠类等有害生物进行防治的一类农药制剂，或者是通过仿生合成具有特异作用的农药制剂。按照联合国粮农组织的标准，生物农药一般是天然化合物或者遗传基因修饰剂，主要包括生物化学农药和微生物农药两个部分，农用抗生素不包括在内。我国生物农药按照其组成成分和来源可以分为微生物农药、微生物代谢产物农药、植物源农药、动物源农药四种。按照防治对象可以分为杀虫剂、杀菌剂、除草剂、杀螨剂、杀鼠剂、植物生长调节剂等。

（1）植物源农药的主要类型与特点　　植物源农药有效成分来源于植物。它在农作物的病虫害防治中具有对环境友好、毒性普遍较低、不易使害虫产生抗药性等优点。主要制剂有印棟树提取物及其制剂、天然除虫菊、苦棟碱、鱼藤酮类、苦参及其植物油制剂和乳剂、植物来源的驱避剂（如薄荷、薰衣草）、天然诱剂和杀线虫剂（如万寿菊、孔雀草）、芝麻素、天然酸（如食醋、木醋和竹醋等）、蘑菇提取物、蜂胶、明胶。其作用机理主要是植物源农药中的次生代谢物质，它是植物自身防御与昆虫的适应演变协同进化的结果，昆虫对其不产生抗药性。研究结果表明，植物源农药对害虫的作用独特，作用方式多样化，作用机理比较复杂，归纳起来主要是毒杀、拒食、干扰正常生长发育和光活化毒杀作用等。其持续期较短，易降解，且对非靶标生物相对安全，无残留，特别适合蔬菜等收获期比较短的作物。它的缺点就是药效较慢、价格稍高、标准化生产难、植物资源有限等。

（2）微生物源杀虫剂的主要类型与特点　　微生物源杀虫剂主要包括真菌杀虫剂、细菌杀虫剂、病毒杀虫剂、线虫杀虫剂、原生动物杀虫剂等。这类杀虫剂通过引起害虫致病达到杀虫目的，具有群体传染性。细菌和病毒主要从口腔进入虫体繁殖，真菌主要通过害虫体壁进入虫体繁殖，消耗虫体营养，使害虫代谢失调。该类杀虫剂的不足之处就是应用受到环境影响比较大，药效发挥慢，防治暴发性害虫效果差。

（3）活体动物杀虫剂的主要类型与特点　　活体动物杀虫剂是传统意义上的生物防治。如赤眼蜂、瓢虫、捕虫螨、各类天敌蜘蛛及昆虫病原线虫等。这类天敌对昆虫具有专食性，而不食益虫，与环境相容性好，对人、畜无任何毒性，对土壤大气均无污染，并且持效期长，施用次数少，成本低等。

2. 无机农药

又称矿物源农药，有效成分起源于矿物的无机化合物的总称。主要有硫制剂、铜制剂、磷化物等。这类杀菌剂是指在病菌侵染作物之前，先在作物表面上施药，药剂施用后，能在作物表面形成一层透气、透水、透光的致密性保护膜，从而达到保护作物的目的。这类杀菌剂属传统药剂，具有成本低、持效期长、防菌谱广、不易产生抗药性等特点。

3. 有机合成农药

有机合成农药是指人工研制，通过化学方法人工合成，并商品化的一类农药，占农药品种的绝大部分。其优点是药效高、作用快、防治效果好、用量少、用途广。但有害生物对其易产生抗药性，在施用后会产生残留，同时会对环境造成污染。有机合成农药中的中等毒性和低毒性杀虫剂、杀螨剂、杀菌剂、除草剂中的大多数品种都可以在无公害蔬菜和 A 级绿色食品生产上限量使用。

（二）适合在有机蔬菜上使用的农药及其使用要求

由于有机蔬菜对生产过程要求非常严格，禁止使用所有化学合成的农药，禁止使用有基因工程技术生产的产品。所以，有机蔬菜的病虫害防治，要坚持"预防为主，防治结合"的原则，主要通过农业、物理和生物措施来进行综合防治。尽量选用植物性农药或物理方法，如草木灰（防韭蛆、蚜虫等）、面粉（防蚜虫、螨虫等）、肥皂水（防蚜虫、白粉虱、介壳虫）。

① 允许在害虫捕捉器中使用昆虫性外激素，如性信息素或其他动物源、植物源引诱剂。昆虫性外激素仅用于诱捕器和散发皿内使用。

② 允许使用矿物源乳剂和植物油乳剂、硫制剂、铜制剂，包括铜盐、石灰硫黄、波尔多液、石灰、硫黄、高锰酸钾、碳酸氢钾、氯化钙等。

③ 经有关机构批准，允许有限度地使用农用抗生素，如用春雷霉素、多抗霉素等防治真菌病害等。

④ 允许使用的其他来源农药，如二氧化碳、氢氧化钙、乙醇、海盐和盐水、小苏打、钾肥皂、二氧化硫等。

五、有机蔬菜栽培中的问题

（一）肥料的来源

目前有机蔬菜栽培中使用的主要是自己堆制的有机肥，相同原料、不同方法加工的有机肥料质量差别比较大。如农民在田间地头自然堆腐的有机肥料，虽然经过长时间堆腐已经杀灭了里面的病菌，但由于过长时间的发酵以及雨水的淋溶作用，里面的养分已经损失了很大一部分，这些肥料虽然体积大，重量多，但真正能提供给土壤的有机质和养分并不多。市场上生产的有机质含量高的生物有机肥还很少，特别是经过 OFDC（有机食品发展中心）认证的有机肥更少。而目前可用于追肥的肥料如叶面肥几乎处于空白状态。因此需要大力开发成本低、肥效高的生物有机肥和叶面肥。

（二）病虫草害防治

在有机蔬菜生产中，病虫草害一直是直接影响作物栽培成功与否的关键问题，也是一个需要迫切解决的难题。要将有机蔬菜生产中发生的病虫草害控制在一个较低的水平，就需要大力开拓新的防治手段，可以通过培养作物的自身抗性、开拓生物农药、改进物理和农业防治手段等方法，从而保证有机蔬菜生产的正常运转。

（三）农技服务

在有机农业生产初期，由于生产中的一些关键技术尚未得到有效解决，配套服务体系还未形成，因此在有机农业生产过程中环境保护方面投入较多，又没有得到相应的优惠政策，投入高、产出低、经济效益差成为制约有机农业初期发展的重要原因。不少的有机蔬菜种植区规模和面积较小，有机蔬菜产区对新品种的开发和利用也较少，种植品种多以叶菜类蔬菜为主，而有机蔬菜生产对每一过程都要求十分严格，这就使得有机蔬菜的供求总处于不平衡的状态。有机蔬菜种植户对市场信息的掌握不够，不能及时调整生产计划，造成生产的有机蔬菜被迫低价出售，严重影响了菜农的生产积极性。

（四）宣传力度

由于我国实施有机农业相对较晚，目前对有机农业的宣传力度不够，广大消费者对有机农业和有机食品的概念不够了解，且有机食品价格相对较高，导致消费者对有机食品难以接受，也制约了有机农业的发展。加上目前有些生产者为了利益最大化，打着"有机蔬菜"的旗号来欺骗、隐瞒消费者，这必然会引起一连串的恶风恶习，使得广大消费者失去了对有机蔬菜的信任，同时也严重损害了真正的有机蔬菜生产与经营者的积极性。

（五）政府扶持力度不够

要想达到国家有机认证的标准，有机蔬菜生产需要大量的技术人员和管理人员去统筹和规划，而这往往需要政府的扶持和政策上的优惠，普通农田改造成有机农田，需要 3 年的转换期，同时还要支付高额的国内和国外的认证费用，单个农户很难承受如此高的投入，只能依托企业或者政府，但目前政府对有机蔬菜基地建设的专项资金还是非常有限，阻碍了有机蔬菜的产业发展和普及。

六、叶菜类有机蔬菜的种植技术

（一）有机韭菜的种植技术

1. 有机韭菜的种植概念

有机韭菜具有较高的营养价值，含有蛋白质、脂肪、碳水化合物、粗纤维、钙、磷、胡萝卜素、硫胺素、核黄素、抗坏血酸等营养成分，并且具有较好的消炎杀菌作用（图 1-3）。有机韭菜具有扩张血管，降低血脂的作用，是卫生部确定的"药食同源"的食品之一。

2. 有机韭菜的种类

栽培较多的韭菜品种有如下几种。

（1）西浦韭菜　又名铁秆子。四川成都地方品种。叶簇直立，株高 38~40 厘米，分蘖较多，叶深绿色，叶片较多，叶片宽，叶长 36 厘米，宽 0.7 厘米，叶肉较厚，叶鞘粗硬，不易倒伏。产量高，品质好，较耐热、耐寒、耐湿。

（2）细叶韭菜　叶窄条形，深绿色，蜡粉多。叶鞘绿白色。分蘖能力强，耐热、耐寒性较强。

（3）宽叶韭菜　叶宽条形，绿色，蜡粉多。叶鞘绿白色。分蘖能力强，耐热，较耐寒，耐旱，耐涝，抗病性较强。

图 1-3 有机韭菜

（4）香韭菜 叶肉厚，宽条形，深绿色，无蜡粉。叶鞘绿白色。分蘖能力中等。不耐寒，耐热，适合冬季保护地做青韭种植。

（5）成都马蔺韭 叶簇直立，叶鞘扁圆形，叶片宽而长，叶绿色，叶肉厚，不耐寒，但夏季生长迅速。

3. 有机韭菜栽培技术

① 土地的备耕规程、土壤环境质量符合 GB 15618 的标准。

② 于 8 月中旬亩施腐熟猪粪 4000 千克，人工将其均匀撒施到韭菜地，利用旋耕机将腐熟猪粪与土壤混合均匀，保证畦面平整，无杂草和大土块。

③ 整地后，用开沟机在韭菜生产田间隔 50 米开 1 条东西方向的排水沟，隔 25 米开 1 条南北方向的排水沟，排水沟宽 50 厘米、深 35 厘米。

④ 根据农场的气候、土地、水资源等基本情况，选用抗病虫、抗寒能力强，发棵早、分株力强、株型好、休眠期短的有机韭菜种子和种苗。在得不到已获认证的有机韭菜种子和种苗的情况下，可使用未经禁止物质处理的常规种子。禁止使用任何转基因种子。3

月底在育苗地施入腐熟猪粪 500 千克/亩，用拖拉机深翻耙平，整好苗床，长 35 米，宽 1.5 米；在播种前 2 天进行浸种处理，用 20℃温水泡 24 小时（捞去秕籽），期间在清水里淘洗 2 次。4 月初播种，要求地温稳定在 15℃以上，亩用种 5 千克，用细土拌匀种子，均匀播撒，覆土厚度（细土）为 1～1.5 厘米即可，播完种后不要马上浇水，晾 2 天之后再顺沟浇水。播种后注意保湿，不可大水冲淋。当苗高 8～10 厘米时浇 1 次水，及时拔除杂草。

⑤ 在移栽前 20 天左右浇水，为移栽作准备；9 月初，幼苗长至 25 厘米左右时起苗移栽，剔除不合格幼苗；定植时 3～5 株 1 穴，穴距 20 厘米、行距 20 厘米；顺拱棚南北方向种植；及时浇水保墒，保证幼苗成活；10 月中旬，拱棚开始扣膜保温。严冬季节还要盖草苫。韭菜出土后谨防室温过高使韭菜徒长纤细。

⑥ 依托农场大型养猪场和沼气站，在韭菜每次收割（3 月、4 月、9 月、10 月和 11 月）后 2～3 天，及时将沼液稀释 3 倍后浇灌韭菜地，一方面补给韭菜所需的营养元素，另一方面在施肥的同时也给韭菜浇水，亩施沼液（原液）1500 千克。夏季雨水较多，要注意排水防涝。11 月初韭菜收割后，亩施沼渣 1000 千克，一方面保证土壤的肥力，另一方面为韭菜越冬增加地温。

4. 有机韭菜病虫害综合防治技术

韭菜虫害主要有韭蛆、潜叶蝇、蓟马；病害主要有灰霉病。

（1）农业措施防病 将韭菜病叶带出棚外，深埋或烧毁；清洁棚室尘土，增加光照；冬季及时通风，防止灰霉病发生，通风量根据韭菜长势而定，刚割过韭菜或棚外温度低时，通风量小，严防扫地风；基地可使用腐熟猪粪、沼渣、沼液，提高韭菜抗病力。

（2）物理防虫 在 4～11 月利用黄板诱杀韭蛆成虫，每亩设置黄板 25 块，高度略高出韭菜，均匀排布；将长 40 厘米的竹竿插入韭菜地，用铁丝将黄板固定在竹竿上；每 2 个月换 1 次黄板。4 月初设置防虫网，防止韭蛆成虫、斑潜蝇、葱须鳞蛾侵入。用 60 目防虫网将整个拱棚封严，拱棚两边用土埋严，防止有漏洞。13.3 公顷的有机韭菜生产基地安装 5 盏频振式杀虫灯，最大限度地杀死害虫，保护益虫。

（3）草害防治　杂草主要有拉拉秧、荠菜、齿果酸模、苋菜、马齿苋、灰菜。在有机韭菜的整个生长过程中，根据需要多次进行人工中耕除草，除草时抓住有利时机除早、除小、除彻底，不能留下小草，以免引起后患。

（二）有机菠菜的种植技术

1. 有机菠菜的种植概念

菠菜为藜科菠菜属1～2年生蔬菜，以绿叶及幼嫩植株为产品器官供食用，是全国各地普遍栽培的蔬菜。菠菜因其耐寒性和适应性强，生长期较短，一年内多茬栽培，是春、秋、冬三季的重要绿叶蔬菜。有机菠菜具有药用价值，味甘性凉，能养血、止血、润燥，可防治便秘，使人容光焕发（图1-4）。有机菠菜还富含酶及大量的水溶性纤维素，能刺激胃肠、胰腺分泌，促进消化。有机菠菜的赤根含有一般蔬果缺乏的维生素K，有助于防治皮肤、内脏的出血倾向。

图1-4　有机菠菜

2. 有机菠菜的种类

（1）火车头　耐热、耐抽薹型大圆叶菠菜，进口品种，播后

40～50天即可上市。叶大而肥厚，浓绿稍皱，根颈粉红，商品性好。适宜晚春、初夏和早秋栽培。

（2）捷雅 中晚熟品种，株型中等，生长直立。叶片阔三角形，叶面平滑，叶片深绿，微锯齿状。早期生长缓慢，不会徒长，生长稳定。抗病性强，抗霜霉病。亚热带、温带种植，适于春夏秋露地或保护地栽培。

（3）快速 株型开展，茎粗，栽培期长，平地及温暖地适宜春秋播种，高冷地夏季可长期播种。叶浓绿色，有光泽，肉厚，叶宽，叶顶略尖，略带缺刻。叶柄粗，生长强健，茎不易折。抗霜霉病，叶和叶柄的平衡感好，卷叶、缩叶现象少。

（4）春夏菠菜 进口种子。耐抽薹，适于春、夏播种，5～7月播种不抽薹。叶深绿色，有光泽，肉厚，叶幅宽，植株伸展性好，茎稍粗，生长直立，栽培容易，抗霜霉病，高温期缩叶、卷叶发生少，商品性高。

（5）耐冬菠菜 进口种子。叶缺刻美观、肉厚，叶幅宽，叶色绿，有光泽，株形美，商品性好。叶数多，叶尖圆，同其他品种相比根色较红，初期生长旺盛、直立，容易收获。较晚抽薹，播种期长，抗霜霉病。春播一般在3月上旬以前播种，宜保护地栽培；秋播一般在8月下旬～9月中旬。

（6）全能东湖菠菜 生命力旺盛，由秋初，经冬季直至晚春，整个种植季节都适宜，容易种植。株型直立，高大，齐整，叶柄粗壮，叶子厚阔，叶色浓绿，产量高。

（7）日本法兰草菠菜 早、中、晚均可种植，比一般品种生长快。抗病、耐寒、耐热，冬性特强，晚抽薹。适应性广，容易种植，叶大、厚，油绿有光泽，梗特粗，株型高大，红头，可密植，产量特高，3～28℃均能快速生长。

（8）丹麦王2号 早熟品种，抽薹晚，叶圆形到椭圆形，叶片中绿。植株直立，株形中大，叶片厚，优质高产。早期生长缓慢，不会徒长，生长稳定。适应性广，抗病性强，抗霜霉病。商品性佳，适合鲜食和生产以及冷冻工业用。适合春季、秋季及冬季保护地栽培。

3. 有机菠菜栽培技术

（1）品种与播期　主要是秋播，8～9月播种，也可提前于7月底或延迟至10月上旬播种，播后30～40天可分批采收。品种选择不严格，但早秋菠菜宜选用较耐热、生长快的早熟品种。越冬菠菜，10月中下旬～11月上旬播种，春节前后分批采收。选用冬性强、抽薹迟、耐寒性强的中、晚熟品种。春菠菜，一般在开春后，气温回升到5℃以上时即可开始播种。在长江流域，可在2月下旬～4月中旬陆续分期播种，3月中旬为播种适期，播后30～50天采收。品种宜选择抽薹迟、叶片肥大的品种。夏菠菜，可于5～7月分期排开播种，6月下旬～9月中旬陆续采收。选用耐热性强、生长迅速、不易抽薹的品种。

（2）整地作畦　选择背风向阳、疏松肥沃、保水保肥、排灌条件良好、沙质微酸性壤土或壤土较好。前茬收获后，及时清除前作残枝落叶，深翻烤土。整地时每亩施腐熟有机肥3000～4000千克、石灰100千克，整平整细，冬、春宜作高畦，夏、秋作平畦，畦宽1.2～1.5米。

（3）播种育苗　一般直播，且以撒播为主。夏、秋播种应催芽，播前1周将种子用井水浸种约12小时后，放在井中或防空洞里催芽，或放在4℃左右的冰箱或冷藏柜中处理24小时，再在20～25℃的条件下催芽，经3～5天出芽后播种。冬、春可播干籽或湿籽，无需催芽。每亩播种5～10千克。播种方法：一般在播前先浇足底水，若土壤湿润也可不浇水。播种时宜采用分层播种法，即将种子撒于畦面后，用齿耙轻轻梳耙表土几遍，使一部分种子播于5～6厘米的深层，一部分在3～4厘米的中层，一部分在2～3厘米的表层，使出苗有先后，可以分批采收。种子落入土缝中后，畦面上盖一层草木灰，再浇泼一层腐熟浓粪渣或河泥或细土均可。夏、秋播菠菜，播后要用稻草覆盖或利用小拱棚覆盖遮阳网，防止高温和暴雨冲刷。盖籽肥土被晒干后，再浇水。每次浇水使土湿透，经常保持土壤湿润，6～7天后即可齐苗。若冬播菠菜播种较迟，气温偏低时，则在播种畦上覆盖塑料薄膜或遮阳网保温促出苗，出苗后撤除。春播菠菜，不需在播种前浇底水，而选晴天上午在畦土上播种后再浇泼一层腐熟浓粪渣或覆土 2 厘米左右。

（4）田间管理

① 秋菠菜。长出真叶后及时浇泼 1 次清淡粪水，随植株生长逐步加大追肥浓度，但应在土面干燥时施用。2 片真叶后结合间苗除草，注意追肥，施肥要轻施、勤施、先淡后浓，前期多施腐熟粪肥，生长盛期，施速效粪肥 2～3 次，采收前 15 天应停止粪肥浇施。

② 冬菠菜。栽后土壤干旱可浇 1 次小水，保持土壤湿润。3～4 片真叶时，适当控水以利越冬。2～3 片真叶时间苗 1 次，苗距 3～4 厘米。根据苗情和天气追施水肥，以腐熟人粪尿为主。霜冻和冰雪天气应覆盖塑料薄膜和遮阳网保温，浮面覆盖和小拱棚覆盖均可。小苗越冬的菠菜，开春后，选晴天及时追施腐熟淡粪，防早抽薹。

③ 春菠菜。前期要覆盖塑料薄膜保温，可直接覆盖到畦面上，也可用小拱棚覆盖，直接覆盖时，在菠菜出苗后即撤除薄膜或改为小拱棚覆盖。注意小拱棚昼揭夜盖，晴揭雨盖，让幼苗多见光、多炼苗。及时间苗，追施肥水，前期以腐熟人畜粪淡施、勤施，后期尤其是采收前 15 天追施速效粪尿肥。

④ 夏菠菜。出苗后，仍要覆盖遮阳网，晴盖阴揭，迟盖早揭，降温保湿。出苗后，浇水应在早晨或傍晚用冷凉井水小水勤浇。2～3 片真叶以后，追施 2 次浓度为 20%～30% 的腐熟人畜粪肥。每次施肥后要连浇 5 天清水，促进生长，延迟抽薹。

（5）及时采收 一般苗高 10 厘米以上即可开始分批采收，采收时间宜在下午植株上的露珠已干时为宜，早晨采收植株柔嫩、叶脆，易损伤，尽量避免在早晨采收。春菠菜常一次性采收完毕，应在播后 30～50 天，抢在抽薹前及时采收，以保证品质和商品性。夏菠菜一般播后 25 天即可收获，收获过迟，容易发生抽薹。如分次采收时，须注意用小斜刀刀尖细心地在根颈下处挑收。挑大、挑密处收，稀处少收。采收时应去掉枯黄叶，用清水洗净。每250～500克扎成1把，整齐装入菜筐，运至销售点，保持鲜嫩销售。

4. 有机菠菜病虫害综合防治技术

（1）农业防治　选择地势较高，排灌方便，一年内没有种过菠菜的地块。前茬收获后翻耕10～20厘米，施足腐熟有机肥作基肥。加强田间管理，及时清除病株和失去功能的病残叶片，改善田间通风透光条件。适时浇水，禁止大水漫灌，雨后及时排水，控制土壤湿度。

（2）物理防治　用灭蝇纸诱杀潜叶蝇成虫，每亩设置15个诱杀点诱杀。或悬挂30厘米×40厘米大小的橙黄色或金黄色黄板涂粘虫胶、机油或色拉油，诱杀潜叶蝇成虫。

（3）生物防治　用1%苦参素水剂600倍液或1.8%阿维菌素乳油3000倍液喷雾防治蚜虫。用1.8%阿维菌素乳油3000倍液喷雾防治潜叶蝇。在甜菜夜蛾卵孵化盛期用苏云金杆菌乳油200倍液喷雾防治。

（三）有机苋菜的种植技术

1. 有机苋菜的种植概念

苋菜，又名米苋、名苋、赤苋、青香苋、彩苋等，是苋科苋属一年生草本植物，原产于我国，在我国南方栽培普遍。苋菜抗性强、耐旱、耐湿、耐高温，病虫害少，是夏季的主要绿叶菜类之一。有机苋菜的食用部位为茎尖和嫩叶，可炒食、做汤、切短凉拌，老茎可盐渍加工。有机苋菜营养价值高，钙和铁的含量在蔬菜中是比较高的（图1-5）。

2. 有机苋菜的种类

（1）大柳叶彩苋　中国农业科学院蔬菜花卉研究所育成。叶片阔柳叶形，全缘，叶心红色，叶边缘绿色，叶长15厘米，叶宽9厘米，叶柄长4厘米，腋芽较多，中熟，植株耐抽薹、耐热，抗枯萎病。

（2）蝴蝶苋　中国农业科学院蔬菜花卉研究所育成。叶片心脏形，全缘，叶片红绿掺半，似彩蝶，叶长10厘米，叶宽8厘米，

图 1-5 有机苋菜

叶柄长 4～5 厘米。早中熟，植株较耐抽薹、耐热、耐旱。每亩产量 1000～2000 千克。

(3) 大柳叶紫色苋 中国农业科学院蔬菜花卉研究所育成。叶阔柳叶形，全缘，叶背和叶面均为紫红色，叶长 15 厘米，叶宽 7.5 厘米，叶柄长 3 厘米，腋芽较少。单株重 15～20 克，中熟。植株耐抽薹、耐热、抗枯萎病。

(4) 花叶苋菜 中国农业科学院蔬菜花卉研究所育成。叶卵状椭圆形，全缘，心叶叶脉紫红色，叶缘绿色，喜温较耐热，不耐寒。

(5) 特选圆叶全红苋菜 圆叶深红，色泽红艳、叶全缘绿边极少，叶柄浅红，品质柔嫩，株高 26 厘米，生长期 30～40 天。耐热耐湿，适应性广，抗病力强。亩产约 2000 千克。

(6) 大叶红苋菜 株高 22 厘米左右。全株有 14 片叶，叶片较大，大叶长 13 厘米、宽 6 厘米，长卵形，叶缘近全缘，深紫红色，叶片周缘为绿色；茎浅绿色，基部带紫红色，茎叶均有白色短茸毛。嫩株茎、叶肉厚质嫩，宜熟食，别具风味。耐热、耐旱性强，耐寒性弱，抗病虫能力较强。生长速度比圆叶苋菜略慢，播后 40 天左右即可收获。一般亩产 2500 千克左右。

（7）尖叶红苋菜　成株高 22 厘米左右。叶片较狭长，大叶长 7 厘米、宽 3.6 厘米，为宽披针形，灰绿色带深紫红色或全为深紫红色，叶缘近全缘；叶柄及茎均为紫红色，叶、茎上布满白色短茸毛。嫩株肉质略粗，含纤维多，宜熟食，别具风味。耐热、耐旱性强，耐寒性弱，抗病虫能力较强。亩产量 1500 千克。

（8）白圆叶苋菜　株高 20 厘米，叶圆阔，叶色白绿，叶柄白绿色。生长期 30～35 天。耐湿热，抗病，纤维少，清甜无渣，口感好，品质为苋菜之冠。亩产 2500 千克左右。

（9）红圆叶苋菜　株高 25 厘米左右，叶面紫红色，边缘绿色，叶圆颈稍尖，叶柄绿色。生长期 30～40 天，耐热抗湿、抗病，适应性广，耐抽薹，容易栽培。叶肉较厚，品质柔嫩，适合炒食。亩产 2000 千克左右。

3. 有机苋菜栽培技术

（1）选地整地　实施轮作。选择地势较平坦、排灌方便、杂草较少的肥沃土壤种植。播前清洁田园，翻耕深度 15～20 厘米，施足基肥，基肥以有机肥为主，一般每亩施用腐熟人粪尿 1500～2000 千克，或腐熟圈粪 3000 千克，石灰 150 千克。然后作成宽约 1.5 米的平畦，畦面整细整平。

（2）选种播种　苋菜从春到秋都可以分期播种栽培，长江中下游地区播种期一般 3～8 月。如有大棚等保护设施，播种期还可提前和延后 1～2 个月。一般采用撒播，由于种子细小，播前将苋菜种子加适量细沙混合拌匀后撒播。播种前要浇足底水，水渗下后，撒底土，再播种。早春气温较低，出苗较差，每亩播种量为 3～5 千克；晚春播用种量为 2 千克，秋播为 1 千克。撒播的可用齿耙浅耧。条播的春季可稍深播、夏季宜浅播。播后不盖土或盖薄土，也可覆以细沙或草木灰或人畜粪尿，也可用镇土代替覆土。播种后视天气和土壤进行浇水追肥。条播的株行距为 15 厘米×35 厘米。以采收嫩茎为主的，要进行育苗移栽，株行距 30 厘米。

（3）肥水管理　春季播种因地温低，空气干燥，出苗慢，可考虑采用小拱棚或地膜覆盖，促使出苗快而整齐。春播后 7～12 天出苗，晚春和秋播的只需 3～5 天即可出苗。追肥一般在幼苗有 2 片真叶时追第 1 次肥，每亩施 10% 腐熟人粪尿 1000～1500 千克，以后每 7～10 天施肥 1 次。每采收 1 次追肥 1 次，每亩每次施浓度为 20%～30% 的人粪尿 500 千克。春季栽培的苋菜，浇水不宜过大，夏、秋季栽培时要适当灌水，灌溉时不能用受污染的水灌溉。要经常保持田间湿润，遇到干旱及时浇水。如遇雨涝，应立即排水防涝。

（4）中耕整枝 幼苗生长期间要及时中耕除草，以免草荒影响苋菜苗生长。苋菜多次采收的还要整枝，即当主枝采收后，可在主枝基部 2～3 节剪下嫩枝，促进侧枝萌发。

（5）及时采收 春播苋菜在播后 40～45 天，株高 10～12 厘米，具有 5～6 片真叶时开始采收。第 1 次采收时就要间拔过密植株，以后的各次采收用刀割取幼嫩茎叶即可。20～25 片真叶以后进行第 2 次采收，待侧枝萌发生长到约 15 厘米时再进行第 3 次采收。每次采收，基部留桩约 5 厘米，以利发枝，供下次采收。秋播苋菜播后约 30 天采收，一般一次性采收完毕。

4. 有机苋菜病虫害综合防治技术

苋菜生长健壮，病虫害较少，偶有白锈病、病毒病、黑斑病和蚜虫、甜菜夜蛾等发生。在农业防治措施上，可选用优良抗病品种，提高作物自身抗病能力，施肥以有机肥为主。实施轮作，清洁田园，减少病虫害的发生。高温、干旱季节，覆盖遮阳网降温促生长，并在发病初期即采收上市。

（四）有机大白菜的种植技术

1. 有机大白菜的种植概念

有机大白菜营养丰富，是老百姓餐桌上的重要菜品。白菜味甘性微寒，有养胃生津、除烦解渴、利尿通便、清热解毒之功效。有机大白菜含有蛋白质、脂肪、多种维生素和钙、磷等矿物质以及大量粗纤维，是非常好的健康蔬菜（图 1-6）。

2. 有机大白菜的种类

（1）金秋 68 秋播中熟大白菜品种，平均生长期 80 天。植株

图 1-6　有机大白菜

半直立，叶色绿，叶面稍皱，叶球叠抱，头球形。

（2）油绿 3 号　秋播中熟大白菜品种，平均生长期 82 天，植株较直立，叶色深，叶缘有浅小波褶，叶球叠抱，直筒形。

（3）秀翠秋　秋播中熟大白菜品种，平均生长期 83 天，植株较直立，叶色绿，叶面稍皱，叶球近合抱，中桩。

（4）胶白 7 号　秋播晚熟大白菜品种，平均生长期 91 天，植株较直立，叶球直筒、顶尖。

3. 有机大白菜栽培技术

（1）育苗　采用温汤浸种法，用 50～55℃水浸种 25 分钟，搅拌降温至 30℃，再浸泡 2～3 小时，待种子充分吸足水分后，捞出晾干后播种；也可用 0.1%～0.3% 的高锰酸钾浸泡 2 小时，用清水漂洗晾干后播种。根据栽培季节，大白菜一般采用育苗和直播两种方式。秋茬多采用直播方式，可减少定植时的根部损伤和防止软腐病菌侵入。大白菜栽培用平畦或高畦，如果水利条件好，最好采用高畦。高畦最主要的优越性是有利于排水和通风，便于中耕，以减少白菜软腐病和霜霉病的发生。大白菜生长最适宜的温度是15～18℃，秋季在立秋前后播种最适宜，播种深度为 0.6～1 厘米，播种量为 100～150 克/亩，可采用条播或穴播两种方法。

（2）定植　大白菜要早间苗，晚定苗，适时蹲苗。一般 5～6

片真叶时定植，株距 40～50 厘米、行距 60～70 厘米，合理密植，提高单株产量，是大白菜增产的重要措施之一。大白菜幼芽出土后，最忌强烈日晒。土表温度过高，可在沟底浇小水补充水分降温或遮阴降温，避免高温干燥，防止蚜虫繁殖，从而防止病毒病。

（3）水肥管理　播种前要施足底肥，农家粪肥要经过高温50～60℃堆制 5～7 天，以充分腐熟杀死病虫卵及杂草种子。农作物的秸秆通过沼气池发酵，余下的渣子也可以做底肥。有机肥使用时要保证用量充足。一般每亩（667 米²）施腐熟的粪肥 4000～5000 千克、生物有机肥 100～150 千克，在整地时，将肥料均匀地混入耕作层内，以利于根系吸收。发芽期施肥实行小水勤浇，施少量生物有机肥，可追施已发酵好的饼肥，防止烧根。幼苗期应适时间苗、中耕，结合灌水施提苗肥，一股施腐热稀薄的粪肥。保证苗壮，提高抗病力。在闭棵时，追施生物有机肥或追施粪肥，称为"发棵肥"，结合用沼气液 100～200 倍液或木醋液 200～300 倍液进行叶面追施。加强灌溉，保证莲座叶迅速而健壮生长，提高光合作用，促进球叶分化和包心。结球期补充施肥，土壤中每亩追施粪肥 1000～1500 千克，混施生物有机肥或腐熟豆粕、香油渣 50 千克，同时叶面喷施沼气液和木醋液，每周 1 次，连续 3～4 次。适当加大浇水量，以促进叶球的生长和充实。叶球生长坚实后，应停止浇水，防止因水过多，使叶球分裂，引起腐烂，降低产品质量和产量。

4. 有机大白菜病虫害综合防治技术

可以用石灰、波尔多液防治蔬菜多种病害；允许有限制地使用含铜的制剂，如用硫酸铜来防治蔬菜真菌性病害；可以用抑制作物真菌病害的软皂、植物制剂、醋等防治蔬菜真菌性病害；高锰酸钾是一种很好的杀菌剂，能防治多种病害；允许使用微生物及其发酵产品防治蔬菜病害。

选择抗病品种并用 0.1％高锰酸钾进行种子消毒；农业防治要加强田间管理，避免发芽期高温影响，苗床育苗采用遮阴降温或套种，幼苗期及时拔除病苗，合理的浇水降地温也可减少病毒病及防治蚜虫，因为蚜虫传播病毒，药物防治时用1：0.5(160～200倍)的波尔多液喷洒中心病株，0.1%的高锰酸钾加0.3%木醋液防治。

加强田间管理，注意轮作，适当稀植，高畦深沟；合理施肥，合理浇水，结球期防止大水漫灌，畦面水分过多，助长软腐病的发生；直播可防软腐病，因为育苗定植时易伤根，病菌易侵入；防治黄条跳甲、菜螟、菜青虫和一些地下害虫。

提倡通过释放寄生性、捕食性天敌，如赤眼蜂、金小蜂、黄绒茧蜂、瓢虫等来防治虫害；允许使用植物性杀虫剂或当地生长的植物提取剂，譬如大蒜、薄荷、鱼腥草的提取液等防治虫害；可以在诱捕器和散发器皿中使用性诱剂，如糖醋诱虫；允许使用视觉性和物理性捕虫设备，如黄粘板、防虫网防治虫害。采用保护天敌，如瓢虫、赤眼蜂等可杀蚜虫，挂黄板或黄皿诱杀或用银灰膜驱避；喷洒0.3%百草蚊号植物杀虫剂1000～1500倍液，或0.3%苦参碱植物杀虫剂1500～2000倍液防治；用烟草水杀虫。人工除草；加强栽培管理控草，通过采用限制杂草生长发育的栽培技术，如轮作、种绿肥、休耕等控制杂草；有机肥要充分腐熟，因为有些有机肥里含有杂草种子；提倡使用秸秆覆盖除草，不但可以起到保墒、保温、促根、培肥的作用，还具有抑草作用；允许采用机械和电热除草。

（五）有机甘蓝的种植技术

1. 有机甘蓝的种植概念

甘蓝是我国的主要蔬菜，每年种植面积达40万公顷，可周年生产、周年供应。有机甘蓝的适应性广，有机甘蓝菜中含有大量的营养物质，其中花青素具有抗氧化作用，存在于红甘蓝中，能保护细胞免受自由基伤害（图1-7）。β-胡萝卜素是重要的抗氧化剂，在有机甘蓝类蔬菜中含量最丰。β-胡萝卜素可能有助于减轻心脏病和某些癌症病症。

2. 有机甘蓝的种类

（1）尖头类型品种　叶球较小，呈心脏形，单球重0.5～1.5

图 1-7　有机甘蓝

千克，多为早熟品种。冬性较强，不易未熟抽薹。在长江流域多作越冬春甘蓝栽培，秋季种植较少。目前该类品种已北移至淮河流域种植，主要品种有春丰甘蓝、牛心 1 号等。

（2）圆球类型品种　叶球呈圆球形，品质好，一般单球重 0.5～1.5 千克。多为早熟或中熟品种，在北方主要作春甘蓝或早熟的秋甘蓝栽培。代表品种有春甘 3 号、秋甘 3 号、夏强、铁头等。

（3）平头类型品种　叶球呈扁平形，一般单球重 1.0～1.5 千克，最大可达 5 千克。南方地区多作夏秋甘蓝栽培，北方地区作为中晚熟春甘蓝或晚熟秋甘蓝栽培。如京丰 1 号、晚丰、秋甘 1 号、秋甘 2 号等。

3. 有机甘蓝栽培技术

（1）苗床的选择　必须选择符合有机栽培的环境要求，3 年内未种植十字花科作物，土壤肥沃，排灌方便，杂草基数少的土地。苗床与大田的面积比为 1∶15。

（2）栽培地的选择　甘蓝有机栽培的基地，必须通过严格的生态环境（大气、水质、土壤、周边环境）监测。第一，生产基地在最近 3 年内未使用过农药、化肥等违禁物质，并符合有机标准，再经过 3～5 年的转换期。第二，选择 3 年内未种植十字花科作物，土壤肥沃，排灌方便，呈微酸性至中性，保水保肥力强的地块。第三，前茬以伞形花科、百合科、禾本科作物较为合适。第四，生产基地应建立长期的土地培肥、植物保护、作物轮作和畜禽养殖计划。第五，生产基地无水土流失、风蚀及其他环境问题。

（3）栽培季节的选择　甘蓝在长江中下游地区四季均可栽培，但夏季高温多雨，是病虫害多发生季节，不适合有机栽培，而春秋两季较适合有机栽培。春季栽培一般在 3 月下旬播种育苗，5 月中旬露地定植，8 月中旬～9 月中旬收获。秋季栽培，一般在 7 月下旬～8 月上旬播种育苗，9 月上旬露地定植，11 月下旬～12 月收获。越冬栽培，一般在 10 月上旬播种育苗，11 月中旬露地定植，翌年 4 月下旬～5 月收获。

（4）育苗　甘蓝种子来自自然界，未经基因工程技术改造过，播种前精选种子，每亩苗床需种量 750 克左右。春甘蓝适时播种，出苗后间苗 1～2 次，适当浇水，苗龄掌握在 40 天左右，剔除小苗、病苗、弱苗。秋甘蓝适时播种，播种后覆盖遮阳网，出苗后揭去遮阳网，改搭环棚，适当遮阳。2 叶 1 心时移栽，苗距 10 厘米见方，移苗活棵后追肥 1 次。

（5）苗期管理　当秧苗长到 1 叶 1 心期，逐步炼苗，晴天 9:30～14:00 覆上遮阳网，其他时间不覆盖，当苗达 3 叶期时，不再覆盖。水分管理应保持适度墒情（土壤含水量 60% 左右），不足时应补水，下雨时无积水。在 3 叶期依据长势追肥，若苗弱、苗小，叶呈淡黄色，则适当追施有机肥。

（6）整地作畦　选择前茬为伞形花科、百合科、禾本科作物的田块，前茬收获后清除田间杂草、残株落叶，每亩施腐熟有机肥 3000～5000 千克作基肥，深翻 20 厘米左右，日晒 2 周以上，做成 1 米宽的畦，畦面平整，两畦一深沟，土壤颗粒大小不超过 0.3 厘米。

（7）定植　幼苗长到 6～7 片真叶时带土定植，剔除病株，并按一定的株行距（36～50）厘米×（36～45）厘米进行栽种，定植密度应比常规栽培小些，一般以每亩定植 2500～3000 棵为宜。一畦二行，利于通风，定植后浇定根水 1～2 次。

（8）肥水管理　有机农业生产中仍可使用有限的矿物质，但不允许使用化学肥料，春甘蓝成活后 7 天，淡施有机肥 1 次，每亩 50 千克左右，春节过后再淡施 1 次，促进发棵，植株包心始期重施 1 次，每亩 100 千克左右。注意春节前不宜多施肥，以防先期抽薹。春甘蓝从定植到封行需结合除草松土 2～3 次。秋甘蓝生长期较长，要加强肥水管理，一般追肥 4 次左右，第 1 次追肥可适当加量，但越冬甘蓝要掌握越冬前包心不宜过紧，因此第 2、第 3 次用量较少，第 4 次时再追施重肥，以防冻防病。

4. 有机甘蓝病虫害综合防治技术

甘蓝常见病虫害主要有霜霉病、黑腐病、软腐病、甘蓝菌核病、菜青虫、小菜蛾和夜蛾科害虫。有机栽培一般通过选择抗病品种，合理轮作，土壤晒白，清洁田园，除草、松土，健身栽培增强蔬菜抗性，及时清除病株等方法可基本上防止病害发生。但对于虫害，还需用生物药剂进行防治，特别在春甘蓝的包心始期和秋冬甘蓝的莲座期，是蚜虫、小菜蛾、菜青虫多发生时期，应用 BT 乳剂、白僵菌、（斜纹夜蛾、甜菜夜蛾）多角体病毒、（小菜蛾、菜青虫）颗粒体病毒及植物源农药百草一号、苦参碱、烟碱等及早防治；也可利用害虫对光的趋性，安装黄色蚜板粘杀蚜虫和铺挂银灰膜条驱避蚜虫；还可利用天敌防治害虫，如草蛉、小花蝽、瓢虫是蚜虫的天敌，赤眼蜂是菜青虫的天敌；安装频振式杀虫灯诱杀甜菜夜蛾、斜纹夜蛾、小菜蛾、菜青虫等害虫；最好全程覆盖防虫网，四周要封严压实，以防害虫侵入。田间杂草应抓住"早、少、小"三个关键期防治，除草时只能用刀、铁锄等工具进行人工除草，绝不能使用除草剂；除草可结合中耕松土同时进行，根据杂草生长情况可中耕除草 1～2 次。

七、茄果菜类有机蔬菜的种植技术

有机茄果类蔬菜包括番茄、茄子、辣椒等，是我国最主要的蔬菜品种之一，茄果类蔬菜由于产量高，生长及供应的季节长，经济利用范围广泛，所以全国各地普遍种植（图1-8）。

图1-8　有机茄果类蔬菜

茄果类属喜温蔬菜，不耐霜冻，多行育苗移栽。一般是先在保护地育苗，然后再移栽到各种保护设施内或晚霜后定植于露地，但对于加工番茄和制干辣椒一般采用露地直播。茄果类要求强光及良好的通风条件，在栽培管理中必须注意改善和调节光照及通风条件，防止植株徒长、落花，以利于增产。茄果类蔬菜根系发达，耐旱不耐涝。一般结果期需水较多，但不耐高的土壤和空气湿度。

有机茄果类蔬菜在夏季栽培中，以茄子的栽培最为普遍，尤其是晚熟茄子，较为耐热；其次是辣椒；而番茄夏季栽培病害严重，故夏季一般选较凉爽地区或在设施中进行栽培。不同季节、不同茬口，选用适当品种，辅以设施条件，有机茄果类蔬菜基本上达到四季生产，周年供应。

（一）有机茄果类蔬菜茬口安排

长江流域有机茄果类蔬菜生产的大棚茬口主要有冬春季大棚栽培、秋延后大棚栽培及温室长季节栽培，露地茬口有春露地栽培、秋露地栽培、高山栽培等，具体参见表 1-1。

表 1-1 有机茄果类蔬菜茬口安排（长江流域）

种类	栽培方式	建议品种	播期	定植期	株行距/(厘米×厘米)	采收期	亩产量/千克	亩用种量/克
辣椒	冬春季大棚	兴蔬 301、辛香 2 号、兴蔬 205	10 月上旬～11 月上旬	2 月中旬～3 月上旬	(30～35)×(55～60)	4 月上中旬～7 月	3000	75～80
	春露地	湘研 11 号、湘研 19 号、兴蔬 205	10 月下旬～11 月中旬	3 月下旬～4 月上旬	(35～40)×(50～60)	5 月下旬～7 月	2500	40～50
	夏露地	湘研 21 号、湘抗 33、红秀八号	6 月上旬	7 月上旬	(35～40)×(55～60)	8 月下旬～10 月	3000	40～50
	秋露地	红秀八号、鼎秀红	7 月上旬	8 月上旬	(35～40)×(55～60)	9 月下旬～11 月	3000	40～50
	秋延后大棚	汴椒早 4 号、杭椒	7 月中下旬	8 月中下旬	33×40	11 月下旬～2 月中旬	2000	40～50
番茄	春露地	世纪红冠、宝大 903、合作 903	12 月上中旬	3 月下旬～4 月上旬	(40～45)×(55～60)	5 月下旬～7 月上旬	3000	40
	夏秋露地	西优 5 号、火龙、美国红王	3 月中旬～4 月下旬	5 月中旬～6 月上中旬	(25～33)×(60～66)	7～9 月	2000	40
	秋露地	西优 5 号、火龙、美国红王	7 月下旬	8 月上中旬	(40～45)×(55～60)	10 月下旬～11 月下旬	2000	40
	冬春季大棚	合作 903、改良 903、红峰、红宝石	11 月上中旬～12 月上中旬	2 月中旬～3 月上旬	25×50	4 月中旬～7 月上旬	4000	40
	秋延后大棚	西优 5 号、美国红王、世纪红冠	7 月中下旬	8 月中下旬	30×33	10 月下旬～2 月中旬	3000	40

种类	栽培方式	建议品种	播期	定植期	株行距/（厘米×厘米）	采收期	亩产量/千克	亩用种量/克
茄子	春露地	亚华黑帅、早红茄一号、国茄8号	11月中下旬	3月下旬～4月上旬	33×60	5月下旬～7月	3000	60
	秋露地	黑龙长茄、世纪茄王、紫龙7号	6月上旬	7月上旬	33×60	8月下旬～10月	2500	80
	夏秋露地	紫龙7号、韩国将军	4月上旬～5月下旬	5月下旬～6月上旬	(40～60)×60	7～11月	3000	60
	冬春季大棚	早红茄一号、黑冠早茄、国茄8号	10月下旬～11月中旬	2月下旬～3月上旬	(30～33)×70	4月中旬～7月	3500	60
	秋延后大棚	黑龙长茄、黑秀、紫粒长茄	6月中旬	7月中旬	33×60	9月下旬～11月下旬	2500	80

（二）有机茄果类蔬菜栽培

1. 播种育苗

（1）营养土配制　播种床选用烤晒过筛园土 1/3，腐熟猪粪渣 1/3，炭化谷壳 1/3，充分混匀。分苗床选用园土 2/4，猪粪渣 1/4，炭化谷壳 1/4。

（2）种子处理　种子消毒宜使用温汤浸种和干热处理。即先晒种 2～3 天或置于 70℃ 烘箱中干热 72 小时，再将种子浸入 55℃ 温水，经 15 分钟，用常温水继续浸种 5～6 小时，再用高锰酸钾 300 倍液浸泡 2 小时，或木醋酸 200 倍液浸泡 3 小时，或石灰水 100 倍液浸泡 1 小时，或硫酸铜 100 倍液浸泡 1 小时。浸后用清水洗净，捞出沥干后，置 25～30℃ 条件下的培养箱、催芽箱或简易催芽器中催芽，一般 3～4 天，约 70% 的种子破嘴时播种。在个别种子破嘴时，置 0℃ 左右低温下锻炼 7～8 小时后再继续催芽，可提高抗寒性。不应使用禁用物质处理蔬菜种子。

（3）育苗基质消毒　采用营养基质穴盘育苗的，宜于播种前 3～5 天，用木醋酸 50 倍液进行苗床喷洒，盖地膜或塑料薄膜密闭；或用硫黄（0.5 千克/米^3）与基质混匀，盖塑料薄膜密封。不应使用禁用物质处理育苗基质。

（4）播种　每亩需种 75～80 克，撒播苗床每平方米播种150～200 克，先浇足底水，待水下渗后，耙松表土，均匀播种，盖消毒过筛细土 1～2 厘米厚，洒一层压籽水，塌地盖薄膜，并弓起小拱棚，闭严大棚。基质育苗每平方米播种 5～6 克，穴盘宜用 50 孔穴盘。

（5）苗期管理　春季育苗要注意保温，秋季育苗要注意遮阳避雨，培育适龄壮苗。幼苗出土前，可保持床温 30℃ 左右。子叶展开后，逐渐降低苗床温度、湿度，以防止幼苗徒长，一般白天保持在 18～20℃，夜间 12～16℃。初生真叶显露后，需提高温度，白天保持在 20～25℃，夜间 15～25℃，并尽量增加光照。幼苗长到具 3～4 片真叶时，为避免幼苗过分拥挤，需分苗到分苗床上继续培养。分苗后应提高温度，促进缓苗。缓苗后，白天保持在 25～30℃，夜间 20℃ 左右，并根据幼苗长势，适当浇水、追肥。定植前 7 天左右，进行幼苗锻炼，以增强幼苗定植后的抗逆性。

（6）分苗床管理　缓苗期，低温 18～20℃，日温 25～30℃，加强覆盖，提高空气相对湿度。旺盛生长期，加强揭盖，适当降温 2～3℃，每隔 7 天结合浇水喷 1 次 0.2% 的有机营养液，用营养钵排苗的，应维持床上表土呈半干半湿状态，防止露白。即使是阴雨天气也要于中午短时通风 1～2 小时。定植前 7 天炼苗，夜温降至 13～15℃，控制水分和逐步增大通风量。

（7）壮苗标准

① 辣椒。冬季大棚冷床育苗苗龄 80～90 天。株高 15 厘米左右，茎粗 0.4 厘米以上，8～10 片真叶，叶色浓绿，90% 以上的秧苗已现蕾，根系发育良好，无锈根，无病虫害和机械损伤。

② 茄子。冬季大棚冷床育苗苗龄 90 天左右，夏秋季育苗苗龄
35 天左右。株高 10～15 厘米，7～8 片真叶，叶片大而厚，叶色浓
绿带紫，根系多无锈根，全株无病虫害，无机械损伤。

③ 番茄。冬季大棚冷床育苗苗龄 70～80 天，夏秋季苗龄 30
天左右。株高 8～12 厘米，茎粗 0.5～0.8 厘米，节间短，呈紫绿
色，叶片 7～8 片，叶色深绿带紫，叶片肥厚，第一花穗现花蕾，
根系发达，植株无病虫害，无机械损伤。

2. 轮作计划

有机辣椒栽培地块应合理安排茬口，科学轮作，应与非茄科蔬
菜或豆科作物或绿肥在内的至少 3 种作物实行 3～5 年轮作。前茬
为各种叶菜、根菜、葱蒜类蔬菜，后茬也可以是各种叶菜类和根菜
类，还可与短秆作物或绿叶蔬菜间、套种，如毛豆、甘蓝、球茎茴
香、葱、蒜等隔畦间作。

3. 有机肥料准备

应在基地内建有机堆肥场，堆肥场容积应能满足本基地蔬菜生
产的需要。如有机蔬菜生产基地周围有畜禽养殖场，可在基地建立
沼气池，将畜禽粪便转化为沼液、沼渣。

应使用主要源于本基地或有机农场（或畜场）的有机肥料，可
使用充分腐熟和无害化处理的动植物的粪便和残体、植物沤制肥、
绿肥、草木灰和饼肥等。经认证机构许可可以购入一部分农场外的
肥料，外购的商品有机肥，应通过有机认证或经认证机构评估许可。

有机肥料应在施用前 2 个月进行无害化处理，将肥料泼水拌
湿、堆积、盖严塑料膜，使其充分发酵腐熟。发酵期堆内温度高达
60℃以上，以有效地杀灭肥料中带有的病菌、虫卵、草种等。

4. 整地施肥

应选择含有机质多、土层深厚、保水保肥力强、排水良好、
2～3 年内未种过茄科作物的壤土作栽培土。水旱轮作，及早冬耕
冻土，挖好围沟、腰沟、厢沟。当前茬作物收获后，及时清除残茬
和杂草，深翻炕土，整地作厢。黏重水稻田栽辣椒，最底层土块通
常大如手掌，切忌湿土整地。

长江流域雨水较多，宜采用深沟高厢（畦）栽培。沟深 15～25 厘米，宽 20～30 厘米，厢（畦）面宽 1.1～1.3 米（包沟）。地膜覆盖栽培要深耕细耙，畦土平整。定植前 7～10 天，整地作畦。施足基肥（占总用肥量的 70%～80%）。一般每亩施腐熟有机肥 2500 千克，或腐熟大豆饼肥 100～130 千克。其中，饼肥不应使用经化学方法加工的，磷矿石为天然来源且镉含量≤90 毫克/千克的五氧化二磷，钾矿粉为天然来源且未经过化学方法浓缩的，氯含量＜60%。另外，宜每 3 年施 1 次生石灰，每次每亩施用 75～100 千克。

5. 及时定植

一般春季定植于地表下 10 厘米地温稳定在 10～12℃时进行，长江流域早熟品种 3 月下旬～4 月上旬，晴天定植。株行距，早熟品种 0.4 米×0.5 米，可栽双株，中熟品种 0.5 米×0.6 米，晚熟品种 0.5 米×0.6 米。地膜覆盖栽培定植时间只能比露地早 5～7 天，有先铺膜后定植和先定植后铺膜两种。

6. 田间管理

（1）日常管理　定植缓苗后，及时中耕松土。成活后及时中耕 2～3 次，封行前大中耕 1 次，深及底土，粗如碗大，此后只进行锄草，不再中耕。早熟品种可平畦栽植，中晚熟品种要先行沟栽，随植株生长逐步培土。地膜覆盖的不进行中耕，中、晚熟品种，生长后期应扦插固定植株。

（2）保护地栽培　注意温湿度管理，温度应控制在白天 20～30℃，夜间 15～18℃，温度高于 35℃或低于 15℃易造成授粉受精不良引起的落花落果。

（3）设施栽培　全面应用防雾滴耐老化功能棚膜，通风口及门覆盖防虫网防虫，夏秋栽培覆盖塑料薄膜避雨和遮阳网遮阴，冬春栽培要多层覆盖保温节能。

（4）春季栽培　定植后闭棚 1 周，使幼苗迅速成活，其后，视天气情况适时通风、换气、见光，白天温度控制在 25℃左右，夜温控制在 10～15℃。若遇寒流低温天气，采用多层覆盖御寒，4 月气温回暖，可适当掀起大棚四周的裙膜通风，5 月上中旬若无异常气候，可揭去棚膜，进行露地栽培，也可保留顶膜作防雨栽培。

（5）秋季栽培　白天气温大于30℃，大棚膜上最好加盖遮阳网，且日夜通风（此时也可不盖膜），白天气温稳定在28℃以下时，揭掉大棚上的遮阳物。进入10月中下旬，气温开始下降，要及时扣棚膜，防寒保温。扣棚初期，随外界气温低于15℃时，夜间不再通风，白天可适当通风排湿以利防病。11月中旬第1次寒潮来临之前，气温降至10℃时，棚内要及时搭好小拱棚，夜间气温5℃时，小拱棚覆上棚膜，再在上面覆盖草帘，这样既保温，又可防止小棚膜上的水珠滴到植株上产生冻害。一般上午9:00后，揭小拱棚上覆盖物，15:00盖上，正常年份长江流域番茄、辣椒、茄子果实可在棚内安全过冬。

（6）畦面覆盖　茄果类蔬菜定植缓苗成活后，随着植株生长发育，气温渐高，光照渐强，蒸发量渐大。为了减轻高温干旱对植株的影响，结合中耕除草，用稻草或地膜覆盖畦面，防止杂草滋生，降低土温，保持土壤湿度，促进植株生长，使其多开花，多结果。

（7）植株调整

① 支架绑蔓　番茄要及时搭架绑蔓。

② 整枝打杈　番茄自封顶类型采用单秆整枝，无限生长型采用单秆或双秆整枝。大棚番茄等采用单秆整枝；茄子注意剪除多余的内膛枝和徒长枝，以促进早熟，提高产量；辣椒在生长中后期进行整枝打杈。

③ 摘心去老叶，疏花疏果　番茄早熟栽培一般每株留3穗果，中、晚熟栽培每株留4～6穗果，最后一穗果上留2片叶摘心，每穗果坐住后要及时疏除畸形果、僵果和多余的小果实，每穗果选留3～4个发育正常的果。茄子应除底部老叶、病叶和黄叶。秋延后辣椒栽培应将门椒以下的腋芽全部摘除，生长势较弱时，第1～2层花蕾应及时摘掉，以促进植株营养生长，确保每株都能多结果，提高产量。10月下旬至11月上旬植株上部顶心与空枝全部摘除，以减少养分消耗，促进果实膨大。摘心时果实上部留2片叶。

（8）辅助授粉　有机茄果类蔬菜栽培不应使用保花保果的植物

生长调节剂，可采取振动辅助授粉或棚内放养熊蜂辅助授粉，促进果实正常授粉受精，确保其果形端正，商品性好。

（9）追肥　在秧苗返青期，可勤施清淡腐熟猪粪尿水，促进植株生长发育，不宜多施人粪尿。定植成活至开花结果前，应控制肥水的施用，进行蹲苗。如土壤水分不足，可浇少量淡粪水，利于根系生长发育，防止茎叶生长过旺，促进提早开花结果。进入开花结果盛期，对肥水需求量较大，在行间开窝，重施浓度为60%的腐熟猪粪尿水1～2次，也可在垄间距植株茎基部10厘米挖坑埋施饼肥，施后用土盖严，保证植株生长、花蕾发育、开花结果及果实膨大的需要。在结果后期施浓度为30%的人畜粪水防止早衰，增加后期产量。追肥宜条施或穴施，施肥后覆土，并浇水。施用沼液时宜灌水进行沟施或喷施。采收前10天应停止追肥。不应使用禁用物质，如化肥、植物生长调节剂等。

（10）浇水　茄果类蔬菜属较为耐旱的作物，不同的生育期需水量不同。幼苗期需水量小，水分过多会造成根系发育不良；进入初花期作物的需水量逐渐增加；果实膨大期为需水的临界期，此期可结合施肥进行灌水。大棚作物要控制空气湿度在60%～80%，有机番茄类蔬菜生产宜采用滴/喷灌等节水灌溉技术，露地栽培可采用喷灌，大棚栽培可采用滴灌。根据需要可实行水肥一体化。

早春茄果类蔬菜6月下旬进入高温干旱可进行沟灌，灌水前要除草追肥，且要看准天气才灌。要午夜起灌进，天亮前排出，灌水时间尽可能缩短，进水要快，湿透心土后排出，不能久渍。灌水逐次加深，第1次齐沟深1/3，第2次1/2，第3次可接近土面，但不可漫过土面。每次灌水相隔10～15天，以底土不现干、土面不龟裂为准。地膜覆盖栽培，定植成活，在生长前期灌水量比露地小，中后期灌水量和次数稍多于露地。

（11）及时采收，分级上市　春露地番茄大约在定植后60天左右便可陆续采收。鲜果上市最好在转色期或半熟期采收。储藏或长途运输最好在白熟期采收。加工番茄最好在坚熟期采收。青椒一般在开花后25天左右，即果皮变绿色，果实较坚硬，且皮色光亮的嫩果期采收。早熟品种 5 月上旬始收，中熟品种 6 月上旬始收，晚熟品种 6 月下旬始收。

应配置专门的整理、分级、包装等采后商品化处理场地及必要的设施，长途运输要有预冷处理设施。有条件的地区建立冷链系统，实行商品化处理、运输、销售全程冷藏保鲜。有机辣椒产品的采后处理、包装标识、运输销售等应符合 GB/T 19630—2011《有机产品》要求。有机辣椒商品采收要求及分级标准见表 1-2。

表 1-2　有机辣椒商品采收要求及分级标准

作物种类	商品性状基本要求	大小规格	特级标准	一级标准	二级标准
辣椒	新鲜；果面清洁，无杂质；无病虫造成的损伤；无异味	羊角形、牛角形、圆锥形长度 大：>15 厘米 中：10～15 厘米 小：<10 厘米	外观一致，果梗、萼片和果实呈该品种固有的颜色，色泽一致；质地脆嫩；果柄切口水平、整齐（仅适用于灯笼形）；无冷害、冻害、灼伤及机械损伤，无腐烂	外观基本一致，果梗、萼片和果实呈该品种固有的颜色，色泽基本一致；基本无绵软感；果柄切口水平、整齐（仅适用于灯笼形）；无明显的冷害、冻害、灼伤及机械损伤	外观基本一致，果梗、萼片和果实呈该品种固有的颜色，允许稍有异色；果柄劈裂的果实数不应超过 2%；果实表面允许有轻微的干裂缝及稍有冷害、冻害、灼伤及机械损伤
长辣椒	具有同一品种特征，适于食用；果实新鲜洁净，发育成熟，果形完整，果柄完好，不留叶片，果面平滑；无异味，无异常水分；具有适于市场购销和储存要求的新鲜度和成熟度；无腐烂、霉伤及冻伤等缺陷	灯笼形横径 大：>7 厘米 中：5～7 厘米 小：<5 厘米	具有果实固有色泽，自然鲜亮，颜色均匀；具有果实固有形状，弯曲度在 15°以下；果实丰实，不萎蔫，果柄新嫩；无机械损伤及病虫伤；整齐度与平均长度的误差≤±5%；同批次不合格率不超过 10%	具有果实固有色泽，较鲜亮，颜色较均匀；具有果实固有形状，弯曲度在 15°～20°；果实丰实，不萎蔫，果柄较新嫩，略有轻微机械损伤及病虫伤；整齐度与平均长度的误差≤±7.5%；同批次不合格品率不超过 10%	具有果实固有色泽，不够鲜亮，略有杂色；具有果实固有形状，弯曲度在 20°～30°；果实丰实，无明显萎蔫，果柄不够新嫩；有较明显机械损伤及病虫伤；整齐度与平均长度的误差≤±10%；同批次不合格率不超过 15%

作物种类	商品性状基本要求	大小规格	特级标准	一级标准	二级标准
茄子	同一品种或果实特征相似品种;已充分膨大的鲜嫩果实,无籽或种子已少量形成,但不坚硬;外观新鲜;无任何异常气味或味道;无病斑、无腐烂;无病虫害及其所造成的损伤	长茄果长 大:>30厘米 中:20~30厘米 小:<20厘米 圆茄横径 大:>15厘米 中:11~15厘米 小:<11厘米	外观一致,整齐度高,果柄、花萼和果实呈该品种固有的颜色,色泽鲜亮,不萎蔫;种子未完全形成;无冷害、冻害、灼伤及机械损伤	外观基本一致,果柄、花萼和果实呈该品种固有的颜色,色泽较鲜亮,不萎蔫;种子已形成,但不坚硬;无明显的冷害、冻害、灼伤及机械损伤	外观相似,果柄、花萼和果实呈该品种固有的色泽,允许稍有异色,不萎蔫;种子已形成,但不坚硬;果实表面允许稍有冷害、冻害、灼伤及机械损伤
普通番茄	相同品种或外观相似品种;完好、无腐烂变质;外观新鲜、清洁、无异物;无畸形果、裂果、空洞果;无病虫导致的损伤;无冻害;无异味	直径 大:>7厘米 中:5~7厘米 小:<5厘米	外观一致,果形圆润无筋棱(具棱品种除外);成熟适度、一致;色泽均匀,表皮光洁,果腔充实,果实坚实,富有弹性;无损伤、无裂口、无疤痕	外观基本一致,果形基本圆润,稍有变形;已成熟或稍欠熟,成熟度基本一致,色泽较均匀,表皮有轻微的缺陷,果腔充实,果实坚硬,富有弹性;无损伤、无裂痕、无疤痕	外观基本一致,果形基本圆润,稍有变形;稍欠成熟或稍过熟,色泽较均匀,果腔基本充实,果实较坚实,弹性稍差。有轻微损伤,无裂口,果皮有轻微的疤痕,但果实商品性未受影响
小番茄	具本品种基本特征,无畸形,无腐烂,无机械损伤,具有商品价值	单果重 大:15~20克 中:12~15克 小:7~12克	果形标准;无病斑;着色均匀,颜色一致;果粒饱满;到市场成熟度85%~90%,硬度强;果蒂完整	果形标准;无病斑;着色均匀;果粒饱满;到市场成熟度80%~90%,硬度强;带果蒂	果形较标准;可有1~2处疵点;着色允许不均匀;到市场成熟度80%~100%,硬度中;允许果肩有直径0.5厘米的青熟色。允许无果蒂

作物种类	商品性状基本要求	大小规格	特级标准	一级标准	二级标准
樱桃番茄	相同品种或外观相似品种；完好，无腐烂、变质；外观新鲜、清洁、无异物；无畸形果、裂果、空洞果；无病虫导致的损伤；无冻害；无异味	直径 2～3 厘米	外观一致；成熟适度、一致；表皮光洁，果萼鲜绿，无损伤；果实坚实，富有弹性	外观基本一致；成熟适度，较为一致；表皮光洁，果萼较鲜绿，无损伤；果实较坚硬，富有弹性	外观基本一致，稍有变形；稍欠成熟；表皮光洁，果萼轻微萎蔫，无损伤，果实弹性稍差

注：分别摘自 NY/T 944—2006《辣椒等级规格》、SB/T 10452—2007《长辣椒购销等级要求》、NY/T 1894—2010《茄子等级规格》、NY/T 940—2006《番茄等级规格》。

（12）生产档案管理要求　应建立严格的投入品管理制度。投入品的购买、存放、使用及包装容器应回收处理，实行专人负责，建立进出库档案。

应详细记载使用农业投入品的名称、来源、用法、用量，以及使用、停用的日期，病虫草害发生与防治情况，产品收获日期。档案记录保存 5 年以上。

对有机辣椒生产基地内的生产者和产品实行统一编码管理，统一包装和标识，建立良好的质量追溯制度，确保实现产品质量信息自动化咨询。

（三）有机茄果类蔬菜病虫害综合防治

有机茄果类蔬菜生产应从作物、病虫草害整个生态系统出发，综合运用各种防治措施，创造不利于病虫草害滋生和有利于各类天敌繁衍的环境条件，保持农业生态系统的平衡和生物多样性，减少各类病虫草害所造成的损失。采用综合措施防控病虫害，露地蔬菜全面应用杀虫灯和性诱剂，设施蔬菜全面应用防虫网、粘虫色板及夏季高温闷棚消毒等生态栽培技术。

1. 农业防治

(1) 冬耕冬灌　冬季白荏土在大地封冻前进行深中耕，有条件的耕后灌水，能提高越冬蛹、虫卵死亡率。

(2) 幼苗期　育苗用无病苗床、苗土，培育无病壮苗，露地育苗苗床要盖防虫网，保护地育苗通风口要设防虫网，防止蚜虫、潜叶蝇、粉虱进入为害传毒，出苗后要撒干土或草木灰填缝。加强苗期温湿度管理，改善和改进育苗条件和方法，选择排水良好的地作苗床，施入的有机肥要充分腐熟，采用营养钵育苗、基质育苗，出苗后尽可能浇水，在连阴天也要注意揭去塑料覆盖，苗床温度白天控制在 25～27℃，夜间不低于 15℃，逐步通风降湿，发现病株及时拔出销毁。在苗床内喷 1～2 次等量式波尔多液。苗期施用艾格里微生物肥，有利于增强光合作用和抗病毒能力。

定植至结果期，选无病壮苗，高畦栽培，合理密植。施足腐熟有机肥，定植后注意松土，及时追肥，促进根系发育。定植缓苗后，每 10～15 天用等量式波尔多液喷雾。盖地膜可减轻前期发病。及时摘除病叶、病花、病果，拔除病株深埋或烧毁，决不可弃于田间或水渠内。及时铲除田边杂草、野菜。及时通风、降湿、降温，控制浇水，不要大水漫灌，最好采用软管滴灌法，提倡适时浇水，按墒情浇水，减少灌水次数，田间出现零星病株后，要控水防病，棚室更应加强水分管理，务必降低湿度，通风透光，改进浇水方式，推行膜下渗灌或软管滴灌，应选择晴天的上午浇水，浇水后提温降湿。

2. 实行轮作

与非茄科作物实行 3 年以上的轮作，推广菜粮或菜豆轮作。

3. 种子处理

选用抗病、耐病、高产优质的品种，各地的主要病虫害各异，种植方式不同，选用抗病品种要因地制宜，灵活掌握。种子消毒，可选用 1% 高锰酸钾溶液浸种 20 分钟，或 1% 硫酸铜液浸种 5 分钟。浸种后均用清水冲洗干净再催芽，然后播种。用 10 亿个/克枯草芽孢杆菌可湿性粉剂拌种（用药量为种子质量的 0.3%～

0.5%），可防止枯萎病。

4. 土壤及棚室消毒

棚室消毒，即在未种植作物前，对地面、棚顶、顶面、墙面等处，用硫黄熏蒸消毒，每100立方米空间用硫黄250克、锯末500克混合后分成几堆，点燃熏蒸一夜。在夏季高温季节，深翻地25厘米，每亩撒施500千克切碎的稻草或麦秸，加入100千克熟石灰，四周起垄，灌水后盖地膜，保持20天，可消灭土壤中的病菌。

5. 物理防治

田间插黄板或挂黄条诱杀蚜虫、粉虱、斑潜蝇。还可用黑光灯、频振式杀虫灯、高压汞灯等诱杀大多数害虫。在害虫产卵盛期撒施草木灰，重点撒在嫩尖、嫩叶、花蕾上，每亩撒灰20千克，可减少害虫卵量。用糖醋液或黑光灯可诱杀地老虎。还可利用昆虫的性激素诱杀。在保护地的通风口和门窗处罩上纱网。可防止白粉虱和蚜虫等昆虫飞入。

6. 生物防治

可利用自然天敌，如释放赤眼蜂等，将工厂化生产的赤眼蜂蛹，制成带蜂蛹的纸片挂在菜田内植株中部的叶内，用大头针别住即可。定植前喷1次10%混合脂肪酸50～80倍液。防治棉铃虫，用2000单位/微升的苏云金杆菌乳剂500倍液，或喷施多角体病毒，如棉铃虫核型多角体病毒等，与苏云金杆菌配合施用效果好。此外，还可选用以下生物药剂防治辣椒病虫害。

鱼藤酮：用7.5%乳油1500倍液喷雾，防治蚜虫、夜蛾类害虫。

苦参碱：用0.3%水剂400～600倍液喷雾，防治蚜虫、白粉虱、夜蛾类害虫。

藜芦碱：用0.5%可溶性液剂800～1000倍液喷雾，防治棉铃虫。

氨基寡糖素：种子在播种前用0.5%水剂400～500倍液浸种6小时，可预防青枯病、枯萎病、病毒病等。田间发现枯萎病、青枯病、根腐病等时可用0.5%水剂400～600倍液灌根。

乙蒜素：用乙蒜素辣椒专用型 2500～3000 倍液叶面喷洒可预防辣椒多种病害发生，促进植物生长，提高作物品质。用乙蒜素辣椒专用型 1500～2000 倍稀释液于发病初期均匀喷雾，重病区隔 5～7 天再喷 1 次，可有效控制辣椒病害的发展，并恢复正常生长。

丁子香酚：用 0.3% 可溶性液剂 1000～1500 倍液喷雾，防治辣椒枯萎病。

健根宝：育苗时，每平方米用 10^8 cfu（菌落数）/克健根宝可湿性粉剂 10 克与 15～20 千克细土混匀，1/3 撒于种子底部，2/3 覆于种子上面，可预防辣椒猝倒病和立枯病。分苗时每 100 克 10^8 cfu/克健根宝可湿性粉剂兑营养土 100～150 千克，混拌均匀后分苗。定植时，每 100 克 10^8 cfu/克健根宝可湿性粉剂兑细土 150～200 千克，混匀后每穴撒 100 克。进入坐果期，每 100 克 10^8 cfu/克健根宝可湿性粉剂兑 45 千克水灌根，每株灌 250～300 毫升。可防治辣椒枯萎病和根腐病。

木霉菌：使用木霉素灌根，可防治根腐病、白绢病等茎基部病害，一般用 1 亿活孢子/克水分散粒剂 1500～2000 倍液，每株灌 250 毫升药液，灌后及时覆土。在辣椒苗定植时，每亩用 1.5 亿活孢子/克可湿性粉剂 100 克，再与 1.25 千克米糠混拌均匀，把幼苗根部沾上菌糠后栽苗，或在田间初发病时，用 1.5 亿活孢子/克可湿性粉剂 600 倍液灌根，可防治辣椒枯萎病。

植物激活蛋白茄科作物专用型：适应于辣椒、番茄等大多数茄科作物。对青枯病、疫病、病毒病、白绢病、炭疽病等有很好的防效，增产 10% 以上，明显改善品质。用稀释 500 倍液浸种 5～6 小时。用稀释 1000 倍液，叶面喷施移栽成活 1 周后开始喷药，每次间隔 20～25 天，连续 3～4 次，具体喷药次数根据病情而定。每亩用量 30～45 克。

武夷菌素：用 2% 水剂 200 倍液喷雾，防治甜（辣）椒白粉病。

井冈霉素：用 5% 水剂 1500 倍液喷淋植物根颈部，防治甜（辣）椒立枯病。

硫酸链霉素：用72％农用可溶性粉剂4000倍液喷雾，防治甜（辣）椒软腐病、疮痂病、青枯病、细菌性叶斑病和果实黑斑病。

新植霉素：用200毫克/千克的药液，浸种3小时后，捞出洗净催芽，可防治辣椒的种传细菌性病害。

嘧啶核苷类抗生素：用2％水剂200倍液，防治甜（辣）椒等的炭疽病。用2％水剂130～200倍液灌根，每株灌0.25千克，隔5天再灌1次，重病株可连灌3～4次，等药液渗完后，再将土覆盖好，可防治辣椒枯萎病。

枯草芽孢杆菌：每亩用枯草芽孢杆菌10亿个/克可湿性粉剂200～300克灌根处理，可防治枯萎病。

蜡质芽孢杆菌：防治辣椒青枯病时，从发病初期开始灌根，10～15天后需要再灌1次。一般使用活芽孢8亿个/克可湿性粉剂80～120倍液，或活芽孢20亿个/克可湿性粉剂200～300倍液，每株需要灌药液150～250毫升。

7. 其他可选用无机铜制剂等

（1）硫酸铜浸种　先用清水浸泡种子10～12小时后，再用1％硫酸铜溶液浸种5分钟，捞出拌少量草木灰，防治种传甜（辣）椒的疫病、炭疽病、疮痂病、细菌性叶斑病。

（2）石硫合剂　用30％固体合剂150倍液喷雾，可防治甜（辣）椒白粉病。

（3）波尔多液　用1∶1∶200倍液，防治辣椒褐斑病、叶斑病、霜霉病、黑斑病、炭疽病、叶枯病、疮痂病。

（4）氢氧化铜　用77％可湿性粉剂400～500倍液，防治甜（辣）椒的褐斑病、白斑病、叶斑病、黑斑病。

（5）高锰酸钾　防治病毒病，发病初期，用高锰酸钾800倍液，每隔5～7天喷1次，连喷3～4次。

8. 杂草防治

（1）防止肥水混入　制备有机肥时，使其完全腐熟，杀死肥源中杂草种子。

（2）覆盖除草　可采用黑色塑料薄膜覆盖。

（3）种植绿肥除草　休耕时，种植一茬绿肥，在绿肥未结籽前翻入土中作为肥料。

（4）间作除草　茄果类蔬菜生长前期，在行间种植速生叶菜类蔬菜，充分利用空地，防止杂草生长。

（5）人工除草　作物封行前，结合中耕除草。

（6）机械除草　定期用除草机除去田块周边杂草。

八、根茎类有机蔬菜的种植技术

有机根茎类蔬菜是有机蔬菜大家庭中的主要成员，主要以肥大的块茎、块根、肉质根、球茎为食用产品（图1-9）。有机根茎类蔬菜所含的营养丰富，除碳水化合物、淀粉、蛋白质、无机盐、维生素和多种矿物质外，还含有多种酶、氨基酸等特种元素，可供炒、煮、拌食。有的根茎蔬菜还含有医药成分，有一定的保健作用，对防治一些疾病也有显著的效果，因而受到广大人民群众的青睐。随着经济的发展和农业产业结构的调整，根茎类蔬菜像其他蔬菜一样在农业生产中的地位越来越重要。常见的根类蔬菜包括十字花科的萝卜、根用芥菜、芜菁、芜菁甘蓝、辣根及甘薯等；伞形科的胡萝卜、根芹菜、美洲防风；菊科的牛蒡、婆罗门参；藜科的根

图1-9　有机根茎类蔬菜

蒜菜等。在我国栽培较多的有萝卜、胡萝卜、芜菁、根用芥菜，尤以萝卜和胡萝卜栽培最为普遍。茎类蔬菜包括地下茎类和地上茎类，其中地下茎类包括马铃薯、菊芋、山药、荸荠、慈姑和芋等；地上茎类包括茭白、石刁柏（芦笋）、竹笋、莴苣、球茎甘蓝和榨菜等。发展根茎类有机蔬菜可向全社会提供好口味、富营养、高质量的安全食品。

根茎类有机蔬菜的生产过程中必须严格按照有机生产规程，禁止使用任何化学合成的农药、化肥，也不采用基因工程生物及其产物和离子辐射技术，而是遵循自然规律，采取农作、物理和生物的方法来培肥土壤、防治病虫害，以获得安全的农产品。根茎类有机蔬菜种植技术包括以下几个方面。

（一）有机蔬菜基地选择

有机蔬菜基地选择土壤排水良好，且园土不受重金属污染，灌溉水不受工厂排放废水污染，其间不能夹有进行常规生产的地块，但允许存在有机转换地块，且符合有机农业生产条件。首选通过有机认证及完成有机认证转换期的地块；次之选择新开荒的地块；再次选择经 3 年休闲的地块。根茎类蔬菜根系和块茎的生长需要消耗大量的氧气，栽培上宜选择土层深厚，排水透气性良好，富含有机质的壤土和砂壤土。如萝卜对土壤的适应性较强，不过仍以土层深厚，保水、排水良好，疏松通气的砂质土壤最好，土壤 pH 值以 5.3～7.0 为适宜；对于一些长根性品种和肉质根抽出土面少的品种，对土壤要求严格一些；土壤含水量以 70%～80% 为宜，如果土壤水分不足，不仅会降低产量，还会使肉质根的须根增加，外皮粗糙、味辣、空心等现象发生。胡萝卜对于土壤要求与萝卜相似，在孔隙度高的砂质壤土和 pH 值 5～8 的土壤中，生长良好；pH 值 5 以下时，则生长不良。根用芥菜对土壤的要求不严格，但以土层深厚、富含有机质的壤土为好；只要有一定灌溉条件，山坡地也可种植；土壤的 pH 值以 6～7 为宜。马铃薯喜 pH 值 5.6～6 的微酸性砂壤土。栽培芦笋的土地应选择四周无高大遮光性植物，向阳透风，土层深厚，地下水位低，pH 值 6.0～6.7，腐殖质含量丰富，透气性好的砂壤土或半砂壤土。

栽培地块选好后，需依该地生产环境尽量采取适地、适作及适时的栽培方式，并将豆科作物、水稻等作物或绿肥加入轮作制度中。其他如增加土壤有机质、添加土壤混合物、调节土壤 pH 值、施用有益微生物及抑病土壤的利用等应用，并配合淹水、土壤深犁、清园及杂草防除等措施，对根茎类蔬菜作物的生长及病虫害防治有一定的效果。如果有机蔬菜生产地中有的地块有可能受到邻近常规地块污染的影响，则必须在有机和常规地块之间设置缓冲带或物理障碍物，保证有机地块不受污染。不同认证机构对隔离带长度的要求不同，如我国 OFDC 认证机构要求 8 米，德国 BCS 认证机构要求 10 米。

（二）有机蔬菜栽培技术

1. 茬口选择与轮作

轮作换茬，避免重茬、迎茬。蔬菜栽培若采用连作或多或少会产生土壤问题，严重的无法以施肥管理来弥补，较轻的可以施肥管理或其他土壤改良剂弥补部分的缺失。因此为了防范连作问题的发生，在防治观念上应以预防重于治疗。为避免连作所造成的弊害，并栽培健康的农作物起见，采用轮作栽培为最佳方式。所谓轮作是将多种农作物安排一定的次序栽培。轮作栽培中以旱田及水田轮作，或是豆科及非豆科轮作，或是深根性与浅根性轮作，为最佳选择的轮作模式。为了确保优良的土壤，应制定轮作制度，进行作物的生产。

栽培根茎类蔬菜，应以肥沃松软的土壤栽培较好，属于轮作的中间阶段，以水稻或豆科→根茎菜类→叶菜类→瓜果类的次序种植最为理想。例如，萝卜应避免与十字花科作物如甘蓝类、白菜类等连作，更不能与萝卜类重茬，如果连坐或重茬，则容易造成病虫害严重，提高成本，同时难以保证萝卜产品的质量和安全性。秋萝卜的前茬最好是黄瓜、西瓜、甜瓜等，此类作物施肥量较多，土壤较为肥沃，其次是马铃薯、洋葱、大蒜、早熟番茄、西葫芦等蔬菜或小麦、玉米等粮食作物。根用芥菜的前作一般为各种夏季作物，如菜豆、茄果类、瓜类，以及大蒜、小麦等。在大田栽培时，马铃薯适合与禾谷类作物轮作。因禾谷类作物与马铃薯在病害发生方面不一致，伴生着的田间杂草种类也不尽相同，故可把马铃薯的病害压低到最低限度，同时马铃薯是中耕作物也有利于消灭杂草。马铃薯适宜的前茬作物，各地区不完全一样，以麦类、玉米、谷子等作物为宜，其次是高粱、大豆，胡麻、甜菜等作物最差。芦笋前作应避免桑园、果园、水稻及番茄地等。在前茬作物收获后，应及时清理园田，深翻土层20厘米以上，纵横旋耕细耙两遍，把表土整细整平，再清理一遍田间残根及杂草，进行晒土。结合深耕土壤，施入适量基肥。

2. 选择品种

根茎类有机蔬菜栽培品种选择需按种植地区地理环境、积温、生育期的条件，因地制宜选择生育期适宜的品种。种子和种苗，在得不到已获认证的有机蔬菜种子和种苗的情况下（如在有机种植的初始阶段），可使用未经禁用物质处理的常规种子。应选择适应当地的土壤和气候特点，且对病虫害有抗性的蔬菜种类及品种，在品种的选择中要充分考虑保护作物遗传多样性。禁止使用任何转基因种子。

根茎类蔬菜有机栽培选用抗病、优质丰产、抗逆性强、适应性广、商品性好的品种。在选择萝卜品种时，除抗病性，另外还要考虑栽培条件，土层浅的地方应选用露身品种，土层深的地方选用隐身、半隐身型品种，萝卜栽培品种可选用北京心里美、翘头青、红丰一号、红丰2号等。胡萝卜栽培类型包括春胡萝卜和秋胡萝卜，其中春胡萝卜多选用耐抽薹品种，播种期选择在晚春（4～5月）播种，在海拔较低、早春气温较高的地区可适当早播（在2～3月较好），选用冬性强、抽薹晚、生长期短、后期较耐热品种，如烟台三寸、黑田五寸、金港五寸、光辉等；秋胡萝卜播种期多在6～8月，品种如透心红、金港五寸、卫城胡萝卜等。马铃薯应选择抗病毒品种，主栽品种包括紫花白、荷兰1号、早大白、克新1号、东农303等。芦笋应选择抗病高产品种，主要有玛丽华盛顿、玛丽华盛顿500W、加州大学309、加州大学711等。

3. 施用有机质肥料

有机肥的种类较多，养分含量也各不相同，同时，有机肥的当季利用率也仅在20％～40％，所以在施肥时，首先要确定作物全生育期所需的养分含量，再根据施用的有机肥的养分含量，结合肥料的当季利用率进行配方施肥。基肥的种类与用量因土壤的肥力与品种的产量等不同而异。

作物种植之前采取土壤样品分析其营养成分，作为有机质肥料施用量的参考，一般有机质肥料作为底肥每亩至少施用1500千克以上的腐熟堆肥或相当肥分且经发酵的其他有机质肥料或轮作绿肥作物。如萝卜在生长中后期，直根发达，入土深，所以施足基肥很重要。在施肥上，一般以基肥为主（70％），追肥为辅（30％），盖籽粪长苗，追肥长叶，基肥长头，大多以粪肥作基肥，不过基肥除粪肥外，还应与腐熟的厩肥、堆肥等含氮、磷、钾的肥料配合施用，因单纯施用粪肥易使苗徒长（只长叶，不长根），肉质根甜味差，每亩撒施腐熟的厩肥2500～3000千克、草木灰50千克、过磷酸钙25～30千克，耕入土中，再施粪肥2500～3000千克。根用芥菜前作收获后，翻地之前施用农家肥、草木灰及磷肥作基肥，施肥量根据土壤肥力状况确定，如果前作是水稻田，则应多施肥；如果前作是较肥沃的蔬菜地则可适当少施肥。一般情况下根用芥菜，每亩的土地施农家肥1500～2500千克、过磷酸钙25千克、草木灰150千克。由于芹菜的生长期长，故在定植前每亩可施猪粪或鸡粪4000～5000千克作基肥。马铃薯生育期短，故应以基肥为主，基肥的施用量应占总施肥量的70％左右。适于用作马铃薯基肥的有绿肥（如胡豆茎叶）、猪牛粪、堆肥等有机肥。基肥在整地时一次性施入，要求每亩施腐熟厩肥或粪肥4000～5000千克、草木灰400～500千克，在肥力较差的地块，可增施碳酸氢铵25千克左右作底肥，有条件的地区可以施过磷酸钙50千克（与有机肥料混合堆沤后施用），增产效果更为显著。胡萝卜每亩施腐熟的人畜粪2500千克、过磷酸钙15～25千克、草木灰100千克作基肥，然后整细耙平以备播种。

对于未充分腐熟即将直接施入土壤的有机肥，必须在蔬菜种植前提前施入，并避免与种子、秧苗接触，以免发生烧苗现象。施用有机肥可改善土壤的通气性、排水或保水性、保肥力及微生物活动，但市售的有机质肥料种类繁多，需注意其品质、发酵程度及是否有重金属污染等。针对有机肥料前期有效养分释放缓慢的缺点，可以利用允许使用的某些微生物，如具有固氮、解磷、解钾作用的根瘤菌、芽孢杆菌、光合细菌和溶磷菌等，经过这些有益菌的活动来加速养分释放，促进根茎类有机蔬菜对养分的有效利用。

早深耕、多耕翻、充分冻垡、晒垡、打碎耙平土地、施足基肥等是根茎类蔬菜丰产的主要环节。肥料撒施于土面后，立即深翻土壤，深度要求40～50厘米，而后耙平作畦，做到土壤疏松，畦面平整，土粒细碎均匀。为了排水和加厚耕作层，以作高畦（垄）为宜，但在山地及排水良好的梯土也可作平畦。畦宽与排水条件和栽培习惯有关。萝卜一般按包沟畦宽1.5～1.7米，坡地也可不作畦。根用芥菜一般畦宽为2～3米。胡萝卜高畦畦宽50厘米，畦高15～20厘米，畦面种2行，土层深厚、疏松、干燥及少雨地区可作平畦。平畦一般畦面宽1.2～1.5米，每畦种4～6行，如作垄，垄距80～90厘米，垄面宽50厘米，沟宽40厘米，高15～20厘米，每垄播2行；畦或垄长可根据土地平整情况灵活掌握，一般20～30米，便于田间管理。马铃薯平地开沟种植，沟深5厘米左右；单垄双行播种的，可在90厘米的播种带内种2行；行间距离15～20厘米，薯块调角栽种，株距24～27厘米，栽后2行培成一个高20厘米、宽80厘米左右的垄；单行种植的沟距60～65厘米，开沟栽种，株距25～30厘米。

4. 播种

（1）播种方式　播种方式有条播、穴播和撒播。一般撒播用种量大，条播次之，穴播最少。萝卜播种采用直播，大根品种一般采用穴播，大根型品种每亩用种量为0.5千克，中根型品种每亩用种量0.75～1千克，小根型品种每亩用种量为1.5～2千克。胡萝卜播种方式主要有条播和撒播两种，条播每亩用种量一般为 0.8～1 千克，撒播每亩用种量一般为 1.5～2 千克；进口种子价格较高，发芽能力和出土能力均较好，常采用穴播，每亩用种量 0.2～0.4 千克。马铃薯提倡小整薯播种，播种时温度较高，湿度较大，雨水较多的地区，不宜切块；必要时，在播前 4～7 天，选择健康的、生理年龄适当的较大种薯切块；切块大小以 30～50 克为宜，每个切块带 1～2 个芽眼。大头菜可以育苗移栽，也可直播；直播的肉质根的叉根少，形状整齐，产量高，但苗期管理费工、占地、耗种；直播种子，亩用种 100～150 克。芦笋种子育苗繁殖可采用露地直播育苗、保护地育苗和营养钵育苗三种方式。露地直播育苗采取开沟条播，在沟中均匀撒籽，平均每 3～5 厘米有一粒种子，播后覆土，浇 1 次透水；每亩苗床播种量为 1 千克左右，可栽植 1 万平方米大田。保护地育苗播种时适当浇水，水渗入土中后按 10 厘米见方打线划格，并用木棍在格内戳 1 厘米深小坑，将种子单粒点播于坑内，每亩播种量约 1.3 千克，全苗数 66600 株。营养钵育苗用直径 8～10 厘米的塑料营养钵装入营养土（同保护地育苗），每钵播种子 1 粒。

　　播种后要覆土和盖上稻草等，以防暴雨并保温保湿，出苗后及时揭去覆盖物。

　　（2）种子处理　萝卜和根用芥菜种子消毒采用 50～55℃ 水（即 2 杯开水加一杯冷水）温汤浸种 10～15 分钟。胡萝卜种皮较厚，有刺毛，吸水透气性差，发芽慢，因此，在播种前先浸种，搓去刺毛，用 30～40℃ 温水浸泡 12 小时，晾干后，混合泥土播种。芦笋种皮厚而坚硬、角质化，透水性差，萌芽缓慢，首先将种子放在冷水中漂去不成熟的种子和瘪子，然后用 28～30℃ 温水浸种 3 天（每天换水 2 次），浸种后滤去水分，放入细沙子中并拌匀，置于 20～25℃ 室内催芽，当种子有 50% 露白时即可播种。马铃薯播种前 15～30 天将冷藏或经人工解除休眠的种薯置于 15～20℃、黑暗处平铺 2～3 层，当芽长至 0.5～1 厘米，将种薯逐渐暴露在散射光下壮芽，每隔 5 天翻动 1 次，催芽过程中淘汰病、烂薯和纤细芽；催芽时要避免阳光直射、雨淋和霜冻；切刀每使用 10 分钟后或在切到病、烂薯时，用 5％的高锰酸钾溶液或 75％酒精浸泡 1～2 分钟或擦洗消毒。

5. 根茎菜类有机蔬菜田间管理

（1）适时间苗　当幼苗出齐后，应及时匀苗，除去太密的苗、杂苗、劣苗和病苗，以防幼苗拥挤，光照不足。匀苗后也可加强通风，减少病害的发生。间苗应坚持早间苗、晚定苗的原则，以保证苗全苗壮。

萝卜一般在第 1 片真叶展开时即可进行第 1 次间苗，拔除受病虫侵害、生长细弱、畸形、发育不良、叶色墨绿而无光泽，或叶色太淡而不具原品种特征的苗。间苗次数，一般用条播法播种的，间苗 3 次，即在生有 1～2 片真叶时，每隔 5 厘米留苗 1 株；苗长至 3～4 片真叶时，每隔 10 厘米留苗 1 株；6～7 片真叶时，依规定的距离定苗。用点播法播种的，间苗 2 次，在 1～2 片真叶时，每穴留苗 2 株；6～7 片真叶时每穴留壮苗 1 株。间苗后必须浇水、追肥，土干后中耕除草，使幼苗生长良好。

胡萝卜第 1 次间苗在 1～2 片叶或苗高 3 厘米左右时进行。撒播和条播的各株间保持 3～5 厘米的距离；窝播的每窝留 4～5 株。第 2 次间苗在苗高 7～10 厘米时进行，株间距离 7 厘米见方；第 3 次定苗，撒播的小型品种的株间距离为 10～13 厘米见方，大型品种 13～17 厘米见方。条播的按行距 17～20 厘米、株距 13～17 厘米的距离定苗，窝播的每窝留 3～4 株。留株形状以正方形为好，使胡萝卜的四列侧根都能平衡发展。

根用芥菜在真叶 2～3 片时、3～4 片时分别匀苗 1 次。去掉细脚苗及有病虫的苗，苗距 6 厘米。匀苗后施以稀薄的液肥。如果播种量过大，并未及时匀苗，则幼苗纤细瘦弱，其肉质根生长不正常，可能导致"硬棒"或"打锣锤"形的肉质根的产生。

马铃薯苗出齐后要尽早除去弱苗和过多分枝，每穴选留 3～4 株健壮苗。

（2）中耕除草　萝卜生长期间必须适时中耕数次，锄松表土，尤其在秋播的萝卜苗较小时，气候炎热雨水多，杂草容易生长，必须勤中耕除草。高畦栽培时，畦边泥土易被雨水冲刷，中耕时，必须同时进行培畦。栽培中型萝卜，可将间苗、除草与中耕三项工作结合进行，以节省劳力。四季萝卜类型因密度大，有草即可拔除，一般不进行中耕。长形露身的品种，因为根颈部细长软弱，常易弯曲倒伏，生长初期宜培土壅根。到生长的中后期必须经常摘除枯黄老叶，以利通风。中耕宜先深后浅，先近后远，至封行后停止中耕，以免伤根。

胡萝卜与小白菜等混合条播的可在幼苗出土前按指示作物的位置除草，苗高3～5厘米时结合间苗进行中耕除草。

根用芥菜中耕一般进行3次，第1、第2次是浅中耕，只需把根际板结的表土锄松即可，第3次进行深中耕，深度为12～15厘米。

马铃薯齐苗后应及时中耕除草，封垄前进行最后一次中耕除草。

（3）追肥　不同品种之间或同一品种、不同生育期对养分的需求是不同的。根茎菜类在幼苗期需较多的氮、适量的磷和少量的钾，到根茎肥大时，则需大量的钾、适量的磷和较少的氮。因此，在根茎类蔬菜栽培过程中，需根据蔬菜不同的发育时期追加适量的肥料。

萝卜基肥充足而生长期较短的品种，少施或不施追肥，尤其不宜用人粪尿作追肥。大型萝卜品种生长期长，需分期追肥，但要着重在萝卜生长前期施用。第1次追肥在幼苗第2片真叶展开时进行，每亩施腐熟沼液，按1∶10的比例兑水成1500千克施用；第2次在"破肚"时，每亩施腐熟沼液，按1∶2的比例兑水成1500千克施用；第3次在"露肩"期以后，用量同第2次。或在定苗后，每亩施腐熟豆饼50～100千克或草木灰100～200千克，在植株两侧开沟施下，施后盖土。当萝卜肉质根膨大盛期，每亩再撒施草木灰150千克，草木灰宜在浇水前撒于田间。追肥后要进行灌水，以促进肥料分解。

胡萝卜追肥应施用速效粪肥，全生长期可分 3 次追肥。肉质根迅速膨大期进行第 1 次追肥，以后每隔 15 天施 1 次，共施 3 次，追肥可选择米糠饼、豆饼或菜籽饼的浸出液，经充分腐熟后使用，可兑水 10 倍作根外追肥，兑水 5 倍直接浇根追肥。或每次每亩用畜粪尿 150 千克结合浇水进行，并适当增施生物钾肥。

根用芥菜生长期一般追肥 3 次，为了提高产量，应及早追肥。根用芥菜对肥料的需求以氮肥为最多，因此幼苗定植成活或直播定苗后应进行中耕除草和第 1 次追肥，用腐熟粪水兑水浇施以促使形成强大的叶簇，到生长中后期可增施磷钾肥。

马铃薯视苗情追肥，追肥宜早不宜晚。追肥方法可沟施、点施和喷施生物有机叶面肥。分别于苗期、生长期用垦易有机肥 300 倍液，或喷得利 500 倍液、亿安神力 500 倍液，每隔 7~10 天喷洒 1次，连续喷洒 3~4 次，不仅明显促进作物生长、早熟、增产，还能预防病毒病、叶斑病等病害发生。

（4）灌溉和排水　根茎类蔬菜水分消耗量中等，这类作物的根系吸收能力比较强，需水量一般。但其生长发育过程中，对水分的盈亏反应非常敏感，可以影响营养生长和生殖生长的进程，还可改变营养器官和产品器官之间的生长。一般蔬菜从播种到收获，其需水量是小—大—小的过程。因此，在灌溉中要充分根据蔬菜各个生长时期的特点进行合理灌溉。

萝卜出苗前后要小水勤浇，夏秋季每天傍晚浇 1 次小水，冬春季每隔 2 天中午浇 1 次小水。定苗前控制灌水，促进直根延长生长。定苗后不久，主根开始"破肚"，此后叶数增多，叶面积加大，蒸发水分多，需较高的土壤湿度使直根生长快、品质好。从"破肚"至"露肩"，地上部和肉质根同时生长，需水量较多，此时为防止叶片徒长，应掌握地不干不浇水，地发白时再浇水的原则。"露肩"到采收前 10 天停止浇水，以防止肉质根开裂，提高萝卜的耐储性。南方有些年份秋冬季也会雨水绵绵，应及时清沟排渍，灌水应根据天气情况，随灌随排。

胡萝卜的叶面积小，蒸腾量少，根系发达，吸水力强，因此抗旱力比萝卜强。但在夏秋干旱时，特别在根部膨大期间，仍需适量浇水，才能获得高产。如果供水不足，则根瘦小而粗糙；供水不匀，则容易引起肉质根开裂；生长后期应停止浇水，否则，肉质根中含水量太大，品质变差，味淡，而且不耐储藏。

大头菜根系发达，对水分的要求比一般白菜类菜低。天气干旱无雨时，要进行浇水。尤其是肉质根膨大至拳头大时，植株生长速度加快，需水量较多，应适当灌溉。冬季温度低，沟灌或漫灌会降低地温，影响生长，故以穴浇为宜。

马铃薯在整个生长期土壤含水量保持在 $60\% \sim 90\%$。出苗前不宜灌溉，块茎形成期及时适量浇水，块茎膨大期不能缺水。浇水时忌大水漫灌。在雨水较多的地区或季节，应及时排水，田间不能有积水。收获前视气象情况 7～10 天停止灌水。

有机根茎菜类栽培宜采用喷灌或微喷等节水灌溉技术保证水分的均衡适量供应。且根据需要还可实行水肥（沼液）一体化。

6. 根茎菜类有机蔬菜病虫草害防治

（1）常见病虫害　根茎类蔬菜栽培过程中主要的病害有软腐病、根肿病、霜霉病、白斑病、黑斑病、花叶病毒、青枯病、晚疫病、病毒病、癌肿病、黑胫病、环腐病、早疫病、疮痂病、茎枯病、枯萎病、灰霉病、褐斑病、锈病等。主要害虫有蚜虫、小菜蛾、地老虎、种蝇、蓟马、粉虱、金针虫、块茎蛾、蛴螬、二十八星瓢虫、潜叶蝇、夜盗虫（斜纹夜蛾、银纹夜蛾、甘蓝夜蛾等）、蝼蛄等。

（2）防治原则　从作物-病虫草害整个生态系统出发，综合运用各种防治措施，创造不利于病虫草害滋生和有利于各类天敌繁衍的环境条件，保持农业生态系统的平衡和生物多样化，减少各类病虫草害所造成的损失。

相关的投入品的使用应符合 GB/T 19630.1—2011 中 5.8.2 的规定。

（3）防治方法　根茎类蔬菜有机栽培主要病虫害防治方法不同于一般栽培的防治方法，而且效果亦不如化学方法显著，应加强田间管理配合其他物理、生物及耕作等方法防治病虫害（表 1-3）。

园区周围可搭设简易隔离网，减少邻区污染及病虫害入侵。

表 1-3　常见根茎类蔬菜有机栽培主要病虫害防治方法

作物名称	主要病害及防治方法		主要虫害及防治方法	
萝卜	青枯病	SH 土壤添加剂，每分(66.7 米²)地 120～150 千克，整地时施放田间	黄条叶蚤	苦楝种子抽出液 1000 倍稀释液叶面喷施，利用黄色粘纸诱杀成虫，种植前浸根处理 1～2 分钟
	露菌病	肉桂油 800～1000 倍稀释液叶面喷施	蚜虫	苏力菌 1000 倍稀释液叶面喷施
	黑腐病	链霉素、薄荷油 400～600 倍稀释液叶面喷施，种子消毒	菜心螟	苏力菌 1000 倍稀释液叶面喷施
	软腐病	链霉素 400～600 倍稀释液叶面喷施，拔除病株	小菜蛾	苏力菌 1000 倍稀释液叶面喷施
	黄叶病	SH 土壤添加剂，每分地 120～150 千克，整地时施放田间	银叶粉虱	黄色粘纸，诱杀成虫
	病毒病	防治蚜虫等危害，拔除病株，选用无病种苗		
胡萝卜	白粉病	甲硫酸与核黄素（商品名"地吉"）500～1000 倍稀释液叶面喷施	根瘤线虫	SH 土壤添加剂，几丁质（商品名"克兰德桑"）施放田间或整地施用
	白绢病	与水田轮作，深耕晒土		
马铃薯	黑痣病	培土时注意避免茎受伤	桃蚜	苏力菌 1000 倍稀释液叶面喷施
			切根虫-烟屑混入土壤	
	晚疫病	筑高畦，拔除病株，选用健康种苗	二十八星瓢虫	释放基征草蛉（40000 卵/每分地）
				甜菜夜蛾-黑僵菌 10 个孢子/毫升、性费洛蒙诱虫盒
			斜纹夜蛾	苏力菌 1000 倍稀释液叶面喷施、性费洛蒙诱虫盒
竹笋	嵌纹病	栽植无病毒竹苗，避免机械传播	竹卷叶虫	诱蛾灯捕杀，剪除被害叶并焚烧
	细菌性萎凋病	注意田间卫生	竹叶扁蚜	砍除焚烧被害严重的竹茎、枝芽及竹笋
	锈病	选用抗（耐）病品种	斜纹夜蛾	苏力菌 1000 倍稀释液叶面喷施、性费洛蒙诱虫盒

作物名称	主要病害及防治方法		主要虫害及防治方法	
芦笋	叶枯病	通风良好,避免密植	甜菜夜蛾	黑僵菌 10 个孢子/毫升、性费洛蒙诱虫盒
球茎甘蓝	露菌病	肉桂油 800～1000 倍稀释液叶面喷施	斜纹夜蛾	苏力菌 1000 倍稀释液叶面喷施、性费洛蒙诱虫盒
			蚜虫	苏力菌 1000 倍稀释液叶面喷施
	黑腐病	链霉素、薄荷油 400～600 倍稀释液叶面喷施,种子消毒	甜菜夜蛾	黑僵菌 10 个孢子/毫升、性费洛蒙诱虫盒
			菜心螟	苏力菌 1000 倍稀释液叶面喷施
山药	炭疽病	肉桂油 800～1000 倍稀释液叶面喷施	蚜虫	苏力菌 1000 倍稀释液叶面喷施
			根瘤线虫	SH 土壤添加剂,几丁质(商品名"克兰德桑")
			红蜘蛛	蜜糖素(醋酸、蒜头、辣椒、米酒)
			根瘤线虫	SH 土壤添加剂,几丁质(商品名"克兰德桑")

① 农业防治

a. 选用抗病性及抗逆性强,并适合消费者习惯和种植条件的品种;但不能使用任何转基因蔬菜品种。马铃薯通过茎尖培养和育种、引种,调整播期,使马铃薯在气候凉爽的季节结薯,避免储藏期高温,做好种薯选择消毒工作,防止病毒病的发生。

b. 田间管理。可使用适当覆盖材料,以减少病虫害及杂草发生,并选用健康无病毒的种苗及使用筛选过的纯洁蔬菜种子,避免带入病毒及夹带杂草种子。

c. 土壤添加物在病害防治尤其土壤传播性病害的防治上有不可忽视的潜力,常见的土壤添加物有 SH 混合物(可防治如萝卜黄叶病及姜软腐病等)、SF-21 混合物、矿灰等。其主要防治机制为促进土壤中微生物,尤其是拮抗菌的生长与繁殖,另外,有机物被微生物分解后,可产生许多作物所需养分,能促进作物生长。

d. 合理施肥。有机肥需进行无害化处理。萝卜、根用芥菜、芦笋等植株嫩绿,行间郁闭,可诱发蚜虫、菜青虫等。

e. 根据病虫害的发生种类和规律来确定根茎类蔬菜的种植密度。过于稀植的地块有利于杂草生长;过于密植,蔬菜光合作用效率低,植株徒长,茎秆纤细,生长不良,抗病性差,容易受病虫害入侵。

f. 深耕松土,实行晒垡或冻垡。根菜类软腐病菌不耐干燥和高温,在常温下干燥 2 分钟即死亡。

g. 清洁田园。将蔬菜生长期间初发病的叶片、病株等及时清除或拔去,以免病原菌在田间扩大、蔓延,可防止根茎类蔬菜疫病、病毒病的发生。

h. 合理轮作。选用 2~3 年未种植过根茎类蔬菜的田块,可减少枯萎病、根结线虫、白粉虱的发生。

② 物理防治

a. 利用趋性灭虫。如用糖液诱集夜蛾科害虫,用杨树枝诱杀小菜蛾;利用昆虫的趋光性灭虫,如悬挂 20 厘米×20 厘米的黄板,涂上机油或悬挂黄色粘虫胶纸,诱杀蚜虫、白粉虱、美洲斑潜蝇等。

b. 利用防虫网防虫,能有效隔离如小菜蛾、斜纹夜蛾、青虫、蚜虫等多种害虫。

c. 人工捕捉法。早晨在田间检查,发现被害植株,在茎部 3 厘米深土壤中查找、捕杀地老虎、蝼蛄等。

d. 安装频振式杀虫灯杀灭害虫,可达到杀灭成虫、降低田间落卵量的目的,从而减少虫口密度,控制危害。

③ 生物防治 保护利用自然天敌,或人工繁殖、释放和引进捕食天敌。捕食性天敌有塔六点蓟马、小黑隐翅甲、小花蝽、中华

草蛉、大草蛉、瓢虫和捕食螨等；寄生性天敌有赤眼蜂、茧蜂、土蜂、线虫、平腹小蜂等；亦可以用苏云金杆菌、白僵菌、核型多角体病毒、阿维菌素类抗生素防治病虫害。

④ 药物防治 合理科学使用药剂防治，宜用石灰、硫黄、波尔多液、高锰酸钾等防治蔬菜多种病害；允许有限制性地使用氢氧化铜、硫酸铜等杀真菌剂防治真菌性病害；亦可以用抑制蔬菜真菌病害的肥皂、植物制剂、醋等物质防治真菌性病害。可以有限制地使用鱼藤酮、植物源的除虫菊酯、乳化植物油和硅藻土杀虫。

⑤ 杂草防治 制备有机肥时，使其完全腐熟，杀死肥源中的杂草种子；采用黑色塑料薄膜覆盖除草；种植绿肥除草；间作除草；作物封行前，结合中耕除草；定期用除草机除去田块周边杂草。

（三）及时采收，分级上市

根茎类有机蔬菜的栽培应尽量依照蔬菜最佳采收时期（可根据当地的气候条件、品种、播期、栽培目的及市场情况确定）收获，以确保品质及最佳商品价值。如萝卜早熟品种收迟了易空心；迟熟和露身品种要在霜冻前及时采收，以免受冻；迟熟而大部分根在土中的品种（也称隐身品种）则尽可能迟收，以提高产量。需要储藏的萝卜更要注意勿受冻害，一旦受冻，储藏时易空心。胡萝卜收获过晚，肉质根容易硬化，或在田间遭受冻害而不耐储藏，一般在10月下旬开始收获，陆续供应市场，准备储藏的秋胡萝卜，可在11月上旬收获。胡萝卜质量应达到"一齐六无"标准，即胡萝卜外观整齐、无损伤、无烂、无冻、无病、无分叉、无开裂。春马铃薯应于雨季和高温到来之前收获，收获前7天停止灌溉，尽量减少薯块损伤，以利储藏；秋马铃薯一般于11月上旬收获。

应配置专门的整理、分级、包装等采后商品化处理场地及必要的设施，长途运输要有预冷处理设施。有条件的地区建立冷链系统，实行商品化处理、预冷、运输、销售全程冷藏保鲜。有机根菜类蔬菜的采后处理、包装标识、运输销售及包装标识等应符合GB/T 19630—2011有机产品标准要求。有机根茎菜类蔬菜应推广净菜上市。

九、瓜菜类有机蔬菜种植技术

(一) 概述

瓜类蔬菜是指葫芦科中以果实为食用器官的栽培种群，瓜类蔬菜种类很多，分属 9 个属。

① 南瓜属：南瓜、笋瓜（印度南瓜）、西葫芦（美洲南瓜）、黑籽南瓜和银籽南瓜。

② 丝瓜属：棱角丝瓜、丝瓜（水瓜）。

③ 冬瓜属：冬瓜、节瓜、毛节瓜。

④ 西瓜属：西瓜。

⑤ 葫芦属：瓠瓜、葫芦。

⑥ 甜瓜属：甜瓜、黄瓜。

⑦ 苦瓜属：苦瓜。

⑧ 佛手瓜属：佛手瓜。

⑨ 栝楼属：蛇瓜。

瓜类蔬菜在栽培上有很多共同点。

① 根的再生力弱，适于直播或营养杯育苗移栽。

② 一般为蔓性植物，栽培上采用整枝、压蔓或设立支架等技术措施。

③ 雌雄同株异花的异花授粉蔬菜，昆虫传粉，阴雨天需人工辅助授粉。

④ 瓜类雌花子房下位，一般为三室。一个果实有多粒种子，佛手瓜只有一粒种子。

⑤ 都是喜温不耐寒的蔬菜种类。

⑥ 瓜类蔬菜种类品种不同。

瓜类蔬菜按结果习性分为 3 类：第一类，以主蔓结瓜为主，如早熟黄瓜、西葫芦等；第二类，以侧蔓结瓜为主，如甜瓜、瓠瓜等；第三类，主蔓和侧蔓都能结瓜，如冬瓜、南瓜、丝瓜、西瓜、苦瓜等。

瓜类蔬菜有多种共同的病虫害，病害如霜霉病、疫病、白粉病、枯萎病、病毒病、炭疽病、线虫病等，主要虫害有蚜虫、黄守瓜、红蜘蛛、瓜实蝇、白粉虱、瓜椿象等。特别是近年来保护地生产迅速发展，病虫害周年侵害，为害更为严重。在栽培上忌连作，须注意轮作倒茬或嫁接栽培。

（二）瓜菜类有机蔬菜栽培茬口安排

瓜菜类有机蔬菜栽培茬口安排见表1-4。

表1-4 瓜菜类有机蔬菜茬口安排（长江流域）

种类	栽培方式	建议品种	播期	定植期	株行距/（厘米×厘米）	采收期	亩产量/千克	亩用种量/克
黄瓜	冬春大棚	津优1号、津优30号、津春4号、津春5号	1月中下旬~2月中旬	2月中下旬~3月上旬	(20~25)×(55~60)	4月上旬~7月上旬	2500	40
	春露地	津研4号、津优1号、津春4号、津春9号	2月中下旬~3月	3月下旬~4月	20×60	5~7月	2000	40
	夏露地	津春8号、津优108号、津优40号、中农八号	5月~8月上旬	直播	(20~25)×(55×60)	7~10月	2500	40
	夏秋大棚	津春8号、津优108号、中农八号、津优40号	6月~7月下旬	直播	(20~25)×(55~60)	8~10月	2500	40
	秋延后大棚	津春8号、津优108号、津绿3号	7月中旬~8月上旬	8月上旬~8月下旬	25×60	9月中旬~11月下旬	2000	40
西葫芦	春露地	银青、早青、白玉西葫芦、美葫2号	2月上中旬	3月下旬~4月上旬	(50~60)×(60~80)	4月下旬~6月	2500	200

种类	栽培方式	建议品种	播期	定植期	株行距/(厘米×厘米)	采收期	亩产量/千克	亩用种量/克
西葫芦	冬春季大棚	早青一代、白玉西葫芦	1月上中旬	2月下旬~3月上旬	(40~50)×(60~80)	3月下旬~5月	2500	200
	秋延后大棚	早青一代、白玉西葫芦	8月下旬~9月上旬	9月下旬~10月上旬	(50~60)×(60~80)	11月中旬~12月下旬	2000	250
瓠瓜	春露地	孝感瓠子、汉龙瓠瓜	3月下旬	4月下旬~5月上旬	(35~45)×(55~60)	5~6月	2000	250
	冬春季大棚	孝感瓠子、汉龙瓠瓜	1月下旬~2月上中旬	2月下旬~3月上中旬	50×75	4~6月上旬	2500	250
	秋延后大棚	孝感瓠子、汉龙瓠瓜	7月中下旬~8月中下旬	8月中旬~9月中旬	50×75	9~11月	2000	250
苦瓜	春露地	长白苦瓜、华绿王苦瓜	2月下旬~3月上旬	3月下旬~4月上旬	(35~45)×(55~60)	5月中旬~7月	2000	500
	夏露地	青皮苦瓜、长白苦瓜	6月上旬	6月下旬	(35~45)×(55~60)	8月中旬~10月下旬	3000	550~750
	夏秋大棚	青皮苦瓜、长白苦瓜	6月中旬	6月下旬	50×60	8月中旬~10月下旬	3000	550~750
	冬春季大棚	长白苦瓜、中都绿美	2月中下旬	3月中旬	(35~45)×(55~60)	4月下旬~7月	2000	500
南瓜	冬春季大棚	一串铃、五月早	2月上中旬	3月上中旬	(45~50)×(90~100)	4~6月	2500	250

种类	栽培方式	建议品种	播期	定植期	株行距/(厘米×厘米)	采收期	亩产量/千克	亩用种量/克
南瓜	小拱套地膜	蜜本南瓜	2月下旬~3月上旬	3月下旬~4月上旬	(40~45)×(200~250)	5~7月	2500	250
	春露地	春润大果、汕美33号、汕美23号等蜜本南瓜、板栗南瓜	3月20日左右	4月20日左右	(50~80)×(150~200)	7~10月	2500~3000	250
	秋延后大棚	一串铃、五月早	7月上中旬	7月中下旬	50×(100~150)	9月中下旬~11月上旬	1500~2000	250
丝瓜	冬春大棚	早佳、兴蔬运佳、早冠406、新美佳、三比2号	1月底~2月上中旬	3月上中旬	(40~50)×65	4~10月	3000~4000	200~300
	小棚早熟	育园105、兴蔬美佳	2月下旬	4月上中旬	30×(80~100)	5~10月	3000~4000	200~300
	春露地	白玉霜、冠军、早帅201、益阳白丝瓜	3月上旬~4月上旬	4月上旬~5月	60×150	6~10月	3000~4000	150~200
	秋露地	新美佳、长沙肉丝瓜	5月中旬	6月中旬	60×150	7月下旬~10月	2000~3000	150~200
冬瓜	春小拱棚	白星101、黑冠	1月下旬~2月上中旬	3月中旬	33×40	6~10月	4000~5000	150~250
	春露地	青皮冬瓜、粉皮冬瓜、白星	3~5月	4~6月	(100~120)×(180~200)	7~10月	4000~5000	150~250

种类	栽培方式	建议品种	播期	定植期	株行距/(厘米×厘米)	采收期	亩产量/千克	亩用种量/克
冬瓜	春露地搭架	广东黑皮冬瓜、衡阳扁担冬瓜	3月中下旬	4月中下旬	700～800株/亩,株距50～60厘米	7～10月	4000～5000	800粒
	早秋露地	广东青皮冬瓜、春丰818迷你冬瓜	6月上旬～7月上旬营养土块育苗	6月下旬～7月下旬	1000～1200株/架,架栽	9月收储至2月	4000	150～250
迷你冬瓜	春露地	春丰818、黑仙子1号、黑仙子2号、甜仙子	3～4月	4～5月	(60～80)×(120～150)	5～10月	2500	600粒
	秋延后大棚	春丰818、甜仙子、黑仙子	8月上旬	8月底	(40～50)×(60～80)	9月下旬至11月下旬	4000	600～1000粒
西瓜	春露地	早春红玉、京欣8号、京秀、早佳、洞庭一号、洞庭三号、国蜜1号	3月上中旬	4月上中旬	(50～60)×(150～200)	6月中旬至7月	3000	150
	夏露地	早佳、早春红玉、黑美人	7月上中旬	直播	(50～60)×(150～200)	9月下旬至10月	2500	100
	冬春季大棚	早佳、秀丽、京欣2号、特小凤	2月上中旬	3月上中旬	(30～50)×(90～100)	5月下旬至6月	3000	150
	秋季大棚	黑美人、特小凤、京欣4号	8月中下旬	9月中下旬	40×80	11月中旬至12月上旬	3000	200

种类	栽培方式	建议品种	播期	定植期	株行距/(厘米×厘米)	采收期	亩产量/千克	亩用种量/克
甜瓜	春露地	日本甜宝、青香翠玉、伊丽莎白、蜜宝王、翠蜜	3月上中旬	4月上中旬	(60~80)×(120~150)	6月中旬至7月	2000	75
	秋露地	日本甜宝、翠蜜、蜜宝王	7月上中旬	直播	(60~80)×(120~150)	9月下旬至10月	2000	75
	冬春季大棚	西博洛托、伊丽莎白、银蜜子	2月上中旬	3月上中旬	(30~50)×(90~100)	5月中旬至6月	2000	75

(三) 有机瓜类蔬菜栽培

1. 培育壮苗

(1) 种子处理 种子消毒宜采用温汤浸种和干热处理，或采用高锰酸钾 300 倍液浸泡 2 小时，或木醋液 200 倍液浸泡 3 小时，或石灰水 100 倍液浸泡 1 小时，或硫酸铜 100 倍液浸泡 1 小时。消毒后再用清水浸种，如黄瓜、丝瓜、甜瓜清水浸种 4 小时，西葫芦、冬瓜、西瓜清水浸种 6~8 小时，南瓜清水浸种 12 小时，苦瓜清水浸种 24 小时。不应使用禁用物质处理瓜类蔬菜种子。

(2) 种子催芽 消毒浸种后的黄瓜种子，在 28~32℃ 下催芽，一般 1~2 天种子露白后即可播种。有些蔬菜种子如无籽西瓜、丝瓜、苦瓜等因种壳厚硬，不易发芽，在浸种前夹破种壳，可提高种子发芽率和使种子发芽整齐。

(3) 工厂化育苗 种植有机瓜类蔬菜有条件的宜进行工厂化穴盘育苗。

① 育苗设施 采用精量播种流水线穴盘播种，可在控温调湿的催芽室内催芽，在可调控温度、湿度、光照的育苗温室或塑料大

棚内育苗，苗床上部设行走式喷灌系统，保证穴盘每个孔浇的水分（含养分）均匀。

② 育苗基质消毒　有机黄瓜栽培育苗应使用泥炭、蛭石、珍珠岩等基质混以腐熟的有机肥料。宜于播种前 3～5 天，用木醋酸 50 倍液进行苗床喷洒，覆盖地膜或塑料薄膜密闭；或用硫黄（0.5 千克/米³）与基质混匀，盖塑料薄膜密封。不应使用禁用物质处理育苗基质。

③ 播种　工厂化穴盘育苗宜选用 50 孔或 72 孔穴盘。将露白的种子直接播于装好消毒基质的 50 孔穴盘中，深度为 1 厘米左右。播后用基质进行覆盖，然后均匀浇水，浇水量不宜过多，约为饱和持水量的 80%，然后移入催芽室。催芽室温度可采用变温催芽，白天 28℃，夜间 18℃。当 70% 种子拱土时降低温度，保持白天温度 20～25℃，夜间 15～18℃。这一期间温度过高易造成小苗徒长，过低子叶下垂、朽根或出现猝倒。阴天时特别注意温度管理，不要出现昼低夜高逆温差。管理要点以温度管理为主，设法创造适宜的生长环境。

（4）保护地育苗　春季黄瓜育苗应注意多见阳光，保持良好的土壤湿度，做好防寒保温工作。定植前 7～10 天开始炼苗，苗龄 30～35 天，4 叶 1 心前要带土定植。

① 育苗设施　有机瓜类蔬菜保护地育苗应采用营养钵、营养土块等保护根系的措施。在寒冷的季节播种时，最好在大棚或温室内采用酿热温床、电热温床，或进行临时加温等措施，促使其迅速出苗，苗齐苗壮。采取电热加温育苗，电热加温功率选取 60～80 瓦/米²，其中播种床 80 瓦/米²，分苗床 60 瓦/米²。

② 床土准备及消毒　营养土应提前 2 个月以上堆制，可就地取材，一般要求播种床含有机质较多，可用园土 6 份，腐熟厩肥或堆肥、腐熟的猪粪 4 份相配合；分苗床则是园土 7 份，腐熟猪粪 3 份。有条件的，可每立方米营养土中另加入腐熟鸡粪 15～25 千克、草木灰 5～10 千克，充分拌匀。播种苗床铺 10 厘米厚，分苗床铺 10～12 厘米厚营养土。园土要求用有机农业体系内病菌少、含盐

碱量低的水田土或塘土，土质黏重的可掺沙或细炉灰，土质过于疏松的可增加黏土，施用的有机肥必须充分腐熟。床土消毒宜于播种前3～5天，用木醋液50倍液进行苗床喷洒，盖地膜或塑料薄膜密封；或用硫黄（0.5千克/米³）与基质混匀，盖塑料薄膜密封。不应使用禁用物质处理育苗基质。营养土人工配制有困难时，可就地将表土过筛后，施入25～30千克/米³优质有机肥，拌匀耙平后备用。

③ 播种　经催芽的种子，芽长约0.5厘米，即露白就可播种。播种前1天苗床浇透水。播种时种子平放，胚根朝下。早春播种，覆土的厚度很关键，若覆土过厚，则不易出苗，若覆土过浅，则出苗容易"戴帽"。一般覆土约为种子厚度的2倍。另外，播种后营养土的含水量掌握在80%左右较为适宜。播种完毕，应选用干净、透光性好的薄膜覆盖，以提高温度。播种应尽量选在晴天上午进行。在苗床上架小拱棚，再盖上薄膜和无纺布（或草片）保温，控温26～28℃，在出苗前不要揭盖。

④ 苗期管理

a. 温度管理：幼苗刚出土时，下胚轴对温度和湿度非常敏感，在高温和高湿条件下，下胚轴会迅速伸长，形成徒长苗。因此苗出土后的管理目标是促进幼苗下胚轴加粗生长及根系的迅速发展，当幼苗出齐后（子叶顶出土面）及时通风降温、降湿，白天要维持在25℃左右，夜间15℃。第1片真叶展开后可适当降低夜温1～2℃，形成较大的昼夜温差，促进幼苗粗壮和雌花分化，防止胚轴过度伸长。如遇阴雨天气，温度应适当降低。子叶展平后管理上以促进真叶生长、花芽分化和培育壮苗为目标。定植前10天左右进入炼苗期。

b. 水分管理：育苗期间尽可能少浇水甚至不浇水。育苗前期也可用覆潮土的方法，来调节水分和降低地温。育苗中后期随温度的升高，水分蒸发量加大，用覆潮土的方法已不能满足幼苗对水分的需求，此时可选择温度较高的晴天上午用喷壶洒水。苗期浇水的原则是"阴天不浇，晴天浇，下午不浇，上午浇"。电热温床育苗时，由于床温高，蒸发量大，应注意及时浇水。

c. 光照管理：出苗期应尽可能使苗床多接受阳光，以提高苗床的地温，一般早揭晚盖。育苗期间光照充足有利于培育壮苗，所以在冬季和早春地温日照较差的季节育苗时，在管理上应尽可能使幼苗多接受阳光。除早揭晚盖不透明覆盖物以延长光照时间外，管理上要经常清洁薄膜等透明覆盖物，以增加透光量。阴天也要揭开不透明覆盖物，雨雪天也应短时间揭开不透明覆盖物。如遇到连阴、雨、雪天时，幼苗主要消耗自身体内的养分，易造成幼苗黄弱徒长，甚至黄萎死亡，所以，遇到这种天气时，应尽可能揭开不透明覆盖物，使幼苗接受阳光，有条件的可采取补光措施。

2. 轮作计划

合理轮作，科学安排茬口，可有效防治黄瓜的连作障碍。瓜类蔬菜同属葫芦科，有许多共同的病虫害，如枯萎病、疫病、霜霉病、炭疽病、白粉病等，这些病害主要在土壤中过冬，或附着在病残体上过冬，因此各种瓜类不应彼此相互连作，应与非葫芦科蔬菜或豆科作物或绿肥在内的至少 3 种作物实行 3 年以上的轮作。

3. 整地作畦

应选择有机质含量高、土层深厚、保水保肥力强、地势较高、排水良好、近 3 年内未种过瓜类蔬菜作物的壤土。当前茬作物收获后，及时清除残茬和杂草，深翻炕土，定植前 20 天，选择晴天扣棚以提高棚内温度。定植前 10 天左右作畦，长江流域雨水较多，宜采用深沟高厢（畦）栽培，深沟 15～25 厘米，宽 20～30 厘米，厢（畦）面宽 1.1～1.3 米（包沟）。厢（畦）内施足基肥（占总用肥量的 70%～80%），一般每亩施腐熟有机肥 2500 千克，或腐熟大豆饼肥 200 千克，或腐熟菜籽饼肥 250 千克，另加磷矿粉 40 千克、钾矿粉 20 千克。另外，长江流域酸性土壤宜每 3 年施 1 次生石灰，每次每亩施用 75～100 千克。土肥应混匀。

4. 及时定植

大中棚套地膜，宜于 3 月上中旬、植株有 4～5 片真叶时，选晴天的上午进行定植，若是大中棚配根际加温线，定植期可提早到2月中下旬。若是双行单株种植，株距22厘米，亩栽3300～3400株；双株定植，穴距34厘米，亩栽4900～5000株。若为窄畦单行单株种植，株距18厘米，亩栽3600～3800株；双株定植，穴距28厘米，亩栽4700～4900株。定植深度以幼苗根颈部和畦面相平为准，定植时幼苗要尽量多带营养土，地膜上定植，破孔尽可能小，定苗后及时封口，浇定根水，盖好小拱棚和大棚膜。

5. 田间管理

（1）温湿度调节　定植后5～7天一般不通风，可用电加温线进行根际昼夜连续或间隔加温促缓苗，缓苗后在晴天早晨要使棚内气温尽快升到20℃以上，中午最高温度尽量不超过35℃，下午3时以后，要适当减少通风，使前半夜气温维持在15～20℃，午夜后10～15℃。

中后期要注意高温为害。一是利用灌水降低棚内温度，二是在大棚两侧掀膜放底风，并结合开闭天膜换气通风。通风一般是由小到大，由顶到边，晴天早通风，阴天晚通风，南风天气大通风，北风天气小通风或不通风，晴天当棚温升到20℃时开始通风，下午棚温降到30℃左右停止通风，夜间气温稳定在14℃时，可不关天膜进行夜间通风。5月上中旬以通风降温排湿为主，可揭棚管理，进行露地栽培，也可保留顶膜作防雨栽培。

（2）水肥管理　黄瓜好肥水，在施足基肥的基础上，结合灌水选用腐熟人粪尿进行追肥。追肥应掌握"勤施、薄施、少食多餐"的方法，晴天施肥多、浓，雨天施肥少、稀，一般在黄瓜抽蔓期和结果初期追施2次稀淡人粪尿。到结果盛期结合灌水在两行之间再追2～3次人粪尿，每次每亩约1500千克，注意地湿时不可施用人粪尿。在结果后期追施30%的腐熟人畜粪水防止早衰。有机黄瓜追肥宜条施或穴施，施肥后覆土，并浇水。施用沼液时宜结合灌水进行沟施或喷施。采收前10天应停止追肥。不应使用禁用物质。如化肥、植物生长调节剂等。

定植时轻浇1次压根水，3～5天后浇1次缓苗水，缓苗后至黄瓜采收前适当灌水,浇2~3次提苗水,保持土壤湿润,采收期中,外界温度逐渐升高,应勤浇多浇,保持土壤高度湿润,但要使表土湿不见水,干不裂缝,不渍水,每隔3天左右浇1次壮瓜水。灌水宜早晚进行,降雨后及时排水防渍。

(3)地面覆盖 黄瓜定植缓苗成活后,随着植株生长发育,气温渐高,光照渐强,蒸发量渐大,为了减轻高温干旱的影响,可结合中耕除草,用稻草或地膜覆盖厢面,防止杂草滋生,降低土温,保持土壤湿润,促进生长发育和开花结果。

(4)搭架引蔓 黄瓜要及时搭架引蔓,于幼苗4~5片叶开始吐须抽蔓时设立支架,可设人字架,大棚栽培也可在正对黄瓜行向的棚架上绑上竹竿纵梁,再将事先剪好的纤维带按黄瓜栽种的株距均匀悬挂在上端竹竿上,纤维带的下端可直接拴在植株基部处。当蔓长15~20厘米时引蔓上架,并用湿稻草或尼龙绳绑蔓,以后每隔2~3节绑蔓1次,一般要连续绑蔓4~5次,绑蔓时要摘除卷须,绑蔓宜于下午进行。

植株调整应在及时绑蔓的基础上,采取"双株高矮整枝法"。即每穴种双株,其中一株长到12~13节时及时摘心,另一株长到20~25节摘心。如果是采取高密度单株定植,则穴距缩小,高矮株摘心应相隔进行,黄瓜生长后期,要打掉老叶、黄叶和病叶等,以利于通风。

6. 及时采收,分级上市

按照兼顾产量、品质、效益和保鲜期的原则,适时采收;严格执行农药、氮肥使用后安全间隔期采收,不合格的产品不得采收上市。黄瓜以幼嫩果实供食用,应在雌花开放后10~15天及时采收。应配置专门的整枝、分级、包装后采收商品化处理场地及必要的设施,长途运输要有预冷处理设施。有条件的地区建立冷链系统,实行商品化处理、运输、销售全过程冷藏保鲜。有机黄瓜产品的采后处理、包装标识、运输销售等应符合 GB/T 19630—2011 有机产品标准要求。有机黄瓜商品采收要求及分级标准参见表1-5。

表 1-5　部分瓜菜类蔬菜采收商品要求及分级标准

作物种类	商品性状基本要求	大小规格	特级标准	一级标准	二级标准
黄瓜	同一品种或相似品种;瓜条已充分膨大,但种皮柔嫩;瓜皮完整、无苦味;清洁、无杂物,无异常外来水分;外观新鲜、有光泽,无萎蔫;无任何异常气味或味道;无冷害、冻害;无病斑、腐烂或变质产品;无虫伤及其所造成的损伤	长度(厘米) 大:>28 中:16~28 小:11~16 同一包装中最大果长和最小果长的差异(厘米) 大:≤7 中:≤5 小:≤3	具有该品种特有的颜色,光泽好;瓜条直,每10厘米长的瓜条弓形高度≤0.5厘米;距瓜把端和瓜顶端3厘米处的瓜身横径和中部相近,横径差≤0.5厘米;瓜把长占瓜部长的比例≤1/8;瓜皮无因运输或包装而造成的机械损伤	具有该品种特有的颜色,有光泽;瓜条较直,每10厘米长的瓜条弓形高度>0.5厘米且≤1厘米;距瓜把端和瓜顶端3厘米处的瓜身与中部的横径差≤1厘米;瓜把长占瓜部长的比例≤1/7;允许瓜皮有因运输或包装而造成的轻微损伤	具有该品种特有的颜色,有光泽;瓜条较直,每10厘米长的瓜条弓形高度>1厘米且≤2厘米;距瓜把端和瓜顶端3厘米处的瓜身横径与中部的横径差≤2厘米;瓜把长占瓜部长的比例1/6;允许瓜皮有少量因运输或包装而造成的损伤,但不影响果实耐储性
水果黄瓜	具本品种的基本特征,无畸形,无严重损伤,无腐烂,果顶不变色转淡,具有商品价值	长度(厘米) 大:10~12 中:8~10 小:6~8	果形端正,果直,粗细均匀,果刺完整、幼嫩;色泽鲜嫩;带花;果柄长2厘米	果形较端正,弯曲度0.5~1厘米,粗细均匀;带刺,果刺幼嫩。果刺允许有少量不完整;色泽鲜嫩;可有1~2处微小疵点;带花;果柄长2厘米	果形一般;刺瘤允许不完整;色泽一般;可有干疤或少量虫眼;允许弯曲,粗细不大均匀;允许不带花;大部分带果柄
老熟南瓜	具有本品种的基本特征,无腐烂,具商品价值	单果质量(千克) 大:1.3~1.5 中:1.1~1.3 小:0.8~1.1	果形端正,无病斑,无虫害,无机械损伤;色泽光亮;着色均匀;果柄长2厘米	果形端正或较端正;无机械损伤;瓜上可有1~2处微小干疤或白斑;色泽光亮;着色较均匀;果柄长2厘米	果形允许不端正;瓜上允许有干疤点或白斑;色泽较光亮;带果柄

作物种类	商品性状基本要求	大小规格	特级标准	一级标准	二级标准
丝瓜	同一品种或相似品种；形状基本一致；清洁、无杂物、无开裂；外观新鲜、完整、鲜嫩、表面有光泽，不脱水；无皱缩；完好、无腐烂，发霉、变质，无异味；无异常的外来水分；无严重机械损伤；无病虫害造成的损伤；无活虫；无冷害，冻伤害	有棱丝瓜长度（厘米）长：>70中：50～70短：<50 无棱丝瓜长度（厘米）长：>50中：35～50短：<35	具有本品种特有的颜色，瓜色均匀；具有本品种特有的形状特征，瓜条匀直，无膨大、细缩部分；无畸形果	种子未完全形成，瓜肉中未呈现木质脉径；具有本品种特有的颜色，瓜色较均匀；部分果实轻微变形，瓜条有较小弯曲，无明显膨大、细缩部分；畸形果率≤2%	种子开始形成，但不坚硬，瓜肉中呈现木质脉径；基本具有本品种特有的颜色，瓜面允许有少量黄色条纹；部分果实轻微不规则，允许少量有膨大、细缩部分；畸形果率≤5%
苦瓜	新鲜；果面清洁、无杂质；无虫及病虫造成的损伤；无腐烂、异味；无裂果	长度（厘米）大：>30中：20～30小：≤15	外观一致；瘤状突起饱满，果实呈该品种固有的色泽，色泽一致；果身发育匀，质地脆嫩，果柄切口水平、整齐；无冷害及机械伤	外观基本一致；瘤状突起饱满，果实呈该品种固有的色泽，色泽基本一致；果身发育基本均匀，基本无绵软感；果柄切口水平、整齐；无明显的冷害及机械伤	外观基本一致；果实呈该品种固有的色泽，允许稍有异色；稍有冷害及机械伤
西葫芦	同一品种或相似品种；清洁，无杂质；外观形状完好，无柄，基部削平；鲜嫩，色泽正常；无裂口、无腐烂、无变质、无异味；无病虫害导致的严重损伤；无冷冻导致的严重损伤	单果质量（千克）大：>0.6中：0.3～0.6小：<0.3	果实大小整齐，均匀，外观一致；瓜肉鲜嫩，种子未完全形成，瓜肉中未出现木质脉径；修整良好；光泽度强；无机械损伤、病虫损伤、冻伤及畸形瓜	果实大小基本整齐，均匀，外观基本一致；瓜肉鲜嫩，种子未完全形成，瓜肉中未出现木质脉径；修整较好；有光泽；无机械损伤、病虫损伤、冻伤及畸形瓜	果实大小基本整齐，均匀，外观相似；瓜肉较鲜嫩，种子完全形成，瓜肉中出现少量木质脉径；修整一般，光泽度较弱；允许有少量机械损伤、病虫损伤、冻伤及畸形瓜

注：摘自 NY/T 1587—2008《黄瓜等级规格》、NY/T 1982—2011《丝瓜等级规格》、NY/T 1588—2008《苦瓜等级规格》等。

（四）有机黄瓜病虫害综合防治

有机黄瓜生产应从"作物-病虫害-环境"整个生态系统出发，综合运用各种防治措施，创造不利于病虫草害滋生和有利于各类天敌繁衍的环境条件，保持农业生态系统的平衡和生物多样性，减少各类病虫草害所造成的损失。采用综合措施防控病虫害，露地黄瓜全面应用杀虫灯和性诱剂，设施黄瓜全面应用防虫网、粘虫板及夏秋高温闷棚消毒等生态栽培技术。黄瓜主要病害有猝倒病、立枯病、霜霉病、白粉病、细菌性角斑病、炭疽病、黑星病、枯萎病、灰霉病、病毒病、根结线虫病，主要虫害有蚜虫、黄守瓜、叶螨、白粉虱、烟粉虱、潜叶蝇、蓟马等。

1. 合理轮作

进行合理轮作，选择 3～5 年未种过瓜类及茄果类蔬菜的田块、棚室种植，可有效减少枯萎病、根结线虫及白粉虱等病虫源。

2. 土地及棚室处理

消灭土壤中越冬病菌、虫卵，入冬前灌大水，深翻土地，进行冻垡，可有效消灭土壤中有害病菌及害虫。春季大棚栽培，提早扣棚膜、烤地，增加棚内地温。选用无滴薄膜。棚室栽培的要对使用的棚室骨架、竹竿、吊绳及棚室内土壤进行消毒。在播种、定植前，每亩棚室可用硫黄粉 1～1.5 千克混匀、锯末 3 千克混匀，分5～6 处放在铁片上点燃熏蒸，可消灭残存在其上的虫卵、病菌。

3. 种子处理

播种前对种子进行消毒处理。可用 55℃ 温水浸种 15 分钟。用100 万单位硫酸链霉素 500 倍液浸种 2 小时后洗净催芽可预防细菌性病害。还可进行种子干热处理，将晒干后的种子放进恒温箱中用70℃处理 72 小时能有效防止种子带菌。

4. 嫁接育苗

嫁接育苗可防止枯萎病等土传病害的发生。如培育黄瓜，砧木采用黑籽南瓜、南砧 1 号等。嫁接苗定植，要注意埋土在接口以下，以防止嫁接部位接触土壤产生不定根而受到病菌侵染。

5. 培育壮苗

苗床宜选择未种过瓜类作物的地块，或专门的育苗室。从未种植过瓜类作物和茄果类作物的地块取土，加入腐熟有机肥配制营养土。春季育苗播种前，苗床应浇足底水，苗期可不再浇水，可防止苗期猝倒病、立枯病、炭疽病等的发生。适时通风降湿，加强田间管理，白天增加光照，夜间适当低温，防止幼苗徒长，培育健壮无病、无虫幼苗，苗床张挂环保捕虫板，诱杀害虫。夏季育苗，应在具有遮阳、防虫设施的棚室内进行。

6. 田间管理

定植时，密度不可过大，以利于植株间通风透气。栽培畦采用地膜覆盖，可提高地温，减少地面水分蒸发，减少灌水次数。棚室内栽培，灌水以滴灌为好，或采用膜下暗灌，以降低空气湿度。禁止大水漫灌。棚室内浇水，冷寒季节时应在晴天上午进行，浇水后立即密闭棚室，提高温度，等中午和下午加大通风，排除湿气。高温季节浇水，在清晨或下午傍晚时进行。采收前7～10天禁止浇水。多施有机肥，增施磷、钾肥，叶面补肥，可快速提高植株抗病力。设施栽培中，棚室要适时通风、降湿，在注意保温的同时，降低棚内湿度。冬春季节，开上风口通风，风口要小，排湿后，立即关闭风口，可连续开启几次进行。秋季栽培，前期温度高，通风口昼夜开启，加大通风，晴天强光时，应覆盖遮阳网遮阴降温。及时进行植株调整，去掉底部子蔓，增加植株间通风透光性。根据植株长势，控制结瓜数，不多留瓜。

7. 清洁田园

清洁栽培地块前茬作物的残体和田间杂草，进行焚烧或深埋，清理周围环境。栽培期间及时清除田间杂草，整枝后的侧蔓、老叶清理出棚室后掩埋，不为病虫提供寄主，成为下一轮发生的侵染源。

8. 日光消毒

秋季栽培前，可利用日光能进行土壤高温消毒。棚室栽培的，利用春夏之交的空茬时期，在天气晴好、气温较高、阳光充足时，将保护地内的土壤深翻 30~40 厘米，破碎土团后，每亩均匀撒施 2~3 厘米长的碎稻草和生石灰各 300~500 千克，再耕翻使稻草和石灰均匀分布于耕作土壤层，并均匀浇透水，待土壤湿透后，覆盖宽幅聚乙烯膜，膜厚 0.01 毫米，四周和接口处用土封严压实，然后关闭通风口，高温闷棚 10~30 分钟，可有效减轻菌核病、枯萎病、软腐病、根结线虫、红蜘蛛及各种杂草的为害。

9. 高温闷棚

霜霉病发生时，可采用高温闷棚抑制病情发展。选择晴天中午密闭棚室，使其内温度迅速上升到 44~46℃，维持 2 小时，然后逐渐加大放风量，使温度恢复正常。为提高闷棚效果和确保瓜菜安全，闷棚前 1 天最好灌水提高植株耐热能力，温度计一定要挂在龙头处，秧蔓接触到棚膜时一定要弯下龙头，不可接触棚膜。严格掌握闷棚温度和时间。闷棚后要加强肥水管理，增强植株活力。

10. 物理诱杀

（1）张挂捕虫板　利用有特殊色谱的板质，涂抹黏着剂，诱杀棚室内的蚜虫、斑潜蝇、白粉虱等害虫。可在作物的全生长期使用，其规格有 25 厘米×40 厘米、13.5 厘米×25 厘米、10 厘米×13.5 厘米三种，每亩用 15~20 片。也可铺银灰色地膜或张挂银灰膜膜条进行避蚜。

（2）张挂防虫网　在棚室的门口及通风口张挂 40 目防虫网，防止蚜虫、白粉虱、斑潜蝇、蓟马等进入，从而减少由害虫引起的病害。

（3）安装杀虫灯　可利用频振式杀虫灯诱杀多种害虫。

11. 生物防治

有条件的，可在温室内释放天敌丽蚜小蜂控制白粉虱虫口密度。宜采用病毒、线虫、微生物活体制剂控制病虫害。可采用除虫菊素、苦参碱、印楝素等植物源农药防治虫害。用除虫菊素或氧苦·内酯防治蚜虫。黄守瓜，可在黄瓜根部撒施石灰粉，防成虫产卵；泡浸的茶籽饼（20~25 千克/亩）调成糊状与粪水混合淋于瓜苗，毒害幼虫；烟草水 30 倍液于幼虫为害时点灌瓜根。

常用的生物农药有鱼藤酮、蛇床子素、浏阳霉素、丁子香酚、儿茶素、竹醋液、健根宝、木霉菌、多抗霉素、春雷霉素、中生菌素、水合霉素、宁南霉素、枯草芽孢杆菌、核苷酸。此外，还可用春雷·氧氯铜、高脂膜、武夷菌素、嘧啶核苷类抗生素等防治霜霉病、白粉病。用新植霉素或硫酸链霉素、琥胶肥酸铜、氢氧化铜、春雷·氧氯铜、波尔多液等预防细菌性病害。

十、我国有机蔬菜标准概述

我国的现代有机农业生产起步较晚。我国的有机农业和有机食品是顺应国际有机农业发展的潮流，并结合我国农业地少人多的国情，于 20 世纪 90 年代中期开始大范围推动起来。1990 年浙江省临安县裴后茶园和临安茶厂获得了荷兰 SKAL 有机认证，我国的有机产品第一次走出国门。2005 年国家质检总局发布了中国《有机产品》（GB/T 19630）标准，规定了有机产品的通过规范及要求，该标准于 2011 年进行了更新。其中对于有机蔬菜产品的生产、加工等各个环节均进行了严格的标准限值。有机蔬菜在整个生产过程中都必须按照有机农业的生产方式进行，整个生产过程中必须严格遵循有机食品的生产技术标准，完全不使用农药、化肥、生长调节剂等化学物质，不使用转基因工程技术，遵循自然规律和生态学原理，采用一系列可持续的农业技术以维持持续稳定的农业生产体系，同时还必须经过独立的有机食品认证机构全过程的质量控制和审查。相对于无公害蔬菜和绿色蔬菜，有机蔬菜在肥料、植保产品和其他植物生长调节的使用方面均进行了严格的规定。同时，在有机蔬菜的生产过程中，对于土壤、灌溉用水和大气质量标准均有更严格的要求。

1. 基地选择

按照国家有机食品标准 GB/T 1963—2011 选择有机蔬菜生产基地，有机蔬菜生产基地应远离城区、工矿区、交通主干线、工业污染源、生活垃圾场等，要求交通便利、地势平坦、水源充足、排灌方便。有机产品生产基地环境空气质量要符合 GB 3095—2012

中的二级标准，生产灌溉水质要求应符合 GB 5084—2005 标准要求，土壤环境质量要符合 GB 15618—2008 中的二级标准。

有机蔬菜生产基地要远离废气，主风向上方无工业废气污染源，空气清新洁净，生产基地所在区域无酸雨。有机蔬菜生产要求远离废水，保证有良好的灌排条件和清洁的灌溉水源，灌溉用水质量稳定达标，如用江、河、湖水灌溉，则要求水源达标、输水途中无污染。对土壤的要求要远离废渣，土壤肥沃，有机质含量高，酸碱度适中，矿物质元素背景值在正常范围内，无重金属、农药、化肥、石油类残留物、有害生物等污染物。生产基地一是田块要完整，在有机蔬菜生产范围内不穿插其他蔬菜种植田块，有机蔬菜基地与非有机蔬菜基地要有明显标记便于区分，如人为设置隔离区等；二是要进行土壤的有机转换，即从开始进行有机蔬菜生产管理到有机蔬菜被认证为有机产品的时间，通常需要 2～3 年，具体来讲是一年生蔬菜 2 年，多年生蔬菜 3 年，新开荒、撂荒多年的土地、一直按照传统耕种的土地至少需要 1 年的转换期，同时转化期间的生产必须满足有机标准的要求。如果生产基地有多块土地，第一块园地取得有机认证后，其余地块原则上要在 3 年内全部完成转换；三是要设立缓冲带，即在有机和常规生产区域之间设置缓冲带或物理障碍物（一般在 10 米以上或种植高秆作物），保证有机生产地块不受污染，以防邻近常规地块禁用物质的漂移。缓冲带的作物必须按照有机方式种植和管理，而且品种不可以与申请认证的作物相同，但不能认证为有机产品，只能作为常规产品销售。

2. 有机培肥

有机蔬菜的栽培需要使用大量的有机肥料，以逐渐培养土壤优良的物理、化学性状，从而有利于蔬菜根系的生长以及微生物的繁殖。即在培肥土壤的基础上，通过土壤微生物的作用来供给作物养分，要求以有机肥为主，辅以生物肥料，并适当种植绿肥作物培肥土壤。

一要强力培肥，以种植绿肥为培肥主体，如胡豆青、豌豆青、紫云英等，绿肥有较强的固氮作用，也是土壤中氮素的重要来源之一，是提高土壤有机质的有效措施，一般绿肥亩产量 1500 千克以上，按含氮量 0.03%～0.04%计算，固定氮肥高达 45～60 千克；二要科学用肥，以有机肥为主体，如动物粪便、植物残体、矿物质（钾矿粉、磷矿粉、氯化钙）、生物肥（沤制渣肥、作物蒿秆腐制肥）。在用量上，要科学搭配，每亩施有机肥 3000～4000 千克，追施有机专用肥 100 千克；在底肥上，占总施肥量 80%（2400～3200 千克），追肥 800 千克；在方法上，开窝深施，并结合中耕除草，有利蔬菜吸收和利用。

应根据肥料特点及不同的土壤性质、不同的蔬菜种类和不同的生长发育期灵活搭配，科学施用，才能有效培肥土壤，提高作物产量和品质。人粪尿及厩肥要充分发酵腐熟，最好通过生物菌沤制，并且追肥后要浇清水冲洗。人粪尿含氮高，在薯类、瓜类及甜菜等作物上不宜过多施用。秸秆类肥料在矿化过程中易于引起土壤缺氧，并产生植物毒素，要求在作物播种或移栽前及早翻压入土。

3. 有机蔬菜选种育苗

种子和种苗应尽可能选择来自有机认证的有机农业生产系统，当市场上无法获得有机的种子和种苗时，可以选择未经禁用物质处理过的常规种子。在有机生产和加工过程中不能存在基因工程措施，要求种子和种苗来自于自然蔬菜生产中，禁止引用或使用转基因生物及其衍生物，包括植物、动物、种子、成分划分、繁殖材料及肥料、土壤改良物质、植物保护产品等农业投入物质，存在平行生产的农场，常规生产部分也不得引入或使用转基因生物。选择抗病虫的品种是建立综合防治体系的重要基础，可抑制菌源数量和虫口密度、降低病虫危害、提高防治效果，减少环境污染和人、畜中毒，保持生态平衡，投资少，收效大，而且选择无病毒的种苗是控制蔬菜病毒病的唯一途径。

4. 有机蔬菜防病治虫

有机蔬菜病虫害防治遵循"预防为主，综合治理"的原则，在有机生产中禁止使用人工合成的除草剂、杀菌剂、杀虫剂、植物生长调节剂和其他农药，禁止使用基因工程和（或）其产物（图

1-10）。应从生态系统出发，以蔬菜为核心，综合应用各种农业的、生物的、物理的防治措施，创造不利于病虫害和有利于各种天敌繁衍的生态环境，保证生态系统的平衡和生物多样化，减少各类病虫草害所造成的损失，达到持续、稳定增产的目的。

图 1-10　有机蔬菜防病治虫

一要生态调控，现代农业中为了追求经济效益，长期在同一田块中连续种植同种作物，使得发生"连作障碍"或"重茬病"，因此需 2～3 年轮作换茬，减少病源。轮作可以打破虫和病的发作周期，阻止杂草的滋生，同时有利于均衡利用土壤养分。

二要深翻炕土，清除杂草，清洁田园，消灭病虫源。深翻土地可以把遗留在地面的病残体、越冬病原物的休眠体如菌核等翻入土中，加速病残体分解和腐烂，加速其内病原物的死亡，或把菌核深埋入土中后第 2 年失去传染作用。

三要大力推广设施农业和防虫网技术，防虫网覆盖前一定要土壤消毒，杀死残留在土壤中的病菌和害虫，切断传播途径，防虫网的四周要压严压实，防止害虫潜入产卵。

四要生物防控，甜菜夜蛾、斜纹夜蛾用性诱剂防治；豆野螟、瓜野螟、菜青虫用生物导弹防治；鳞翅目害虫还可用核型多角体病毒、BT乳剂防治或用鱼藤酮、苦楝素、烟碱防治。

五要物理防治，鳞翅目害虫用太阳能杀虫灯诱杀，美洲斑潜蝇、烟粉虱、蚜虫等用黄色粘虫板诱杀，其次是人工捕杀和热力（温汤浸种）杀死病虫。

在应急的条件下，综合应用来源于自然或生物的活体或制剂防治病虫草害是有机蔬菜病虫草害防治的最后防线。有机蔬菜使用的商品药剂必须符合国家相关的法律法规和农药安全使用准则，并且必须经过有机认证，自制的药剂应符合有机蔬菜生产的要求。药剂使用的前提是在采取一切可以预防有害生物的措施后，仍然无法将有害生物控制在经济阈值以下所采取的措施，不是简单地以生物农药替代化学农药的替代技术和替代物质，可以使用有机标准（GB 19630.1—2011）中附录B中的物质，使用时必须遵守国家农药使用准则。

5. 有机蔬菜储藏和运输

有机蔬菜在储存过程中不得受到其他物质的污染，要保证有机认证产品的完整性。储藏产品的仓库必须干净、无公害、无有害物质残留，在最近1周内未用任何禁用物质处理过。有机蔬菜产品应单独存放。如果不得不与常规蔬菜共同存放，必须在仓库内划出特定区域，采取必要的包装、标签等措施，确保有机蔬菜不与非认证蔬菜混放。产品出入库和库存量必须有完整的档案记录，并保留相应的单据。有机蔬菜提倡使用由木、竹、植物茎叶和纸制成的包装材料，允许使用符合卫生要求的其他包装材料。包装应简单、实用，避免过度包装，并应考虑材料的回收利用。

中 篇
绿色蔬菜标准化栽培技术

　　近年来，伴随着食品工业和农业的快速发展，各种食品添加剂、激素、杀虫剂以及化肥等的滥用，造成严重环境污染的同时，也给人类带来了严重的食品安全问题，诸如苏丹红、牛肉膏、毒生姜、毒豆芽等，消费者不再仅仅关注食品的数量和价格，而是越来越注重食品的质量、安全问题。蔬菜作为人们日常饮食中不可缺少的食品之一，其安全与否直接关系着广大消费者的健康问题。

　　我国是世界上第一个由政府部门倡导开发绿色蔬菜的国家。1990 年 5 月 15 日，我国正式宣布开始发展绿色蔬菜（图 2-1）。1999 年，广东、广西、辽宁、天津、武汉、郑州等省（市）相继颁布了绿色蔬菜的标准和管理办法。目前我国绿色蔬菜的产量总体呈现上升的趋势，销售数量每年也在不断增长。随着我国经济的飞速发展，人民生活水平不断提高，关注健康、珍爱生命成为生活的

图 2-1　绿色蔬菜（一）

主流，食用安全、卫生的绿色蔬菜将成为广大人民群众对健康的基本要求。

一、绿色蔬菜的概念

绿色蔬菜应经过中国绿色食品发展中心认定，在生产、加工过程中按照绿色食品的标准，禁用或限制使用化学合成的农药、肥料、添加剂等生产资料及其他有害于人体健康和生态环境的物质，而是通过使用有机肥、种植绿肥、作物轮作、生物或物理方法等技术培肥土壤、控制病虫草害，并实施从土地到餐桌的全程质量控制。绿色蔬菜一般应具有无污染、安全、优质和营养的特性。安全是指在生产过程中，通过严密的监测和控制，防止有毒、有害物质对各个环节的污染，确保蔬菜内有毒、有害物质的含量在安全标准以下，对人体健康不构成危害。优质是指蔬菜的商品质量符合标准要求。营养是指蔬菜的内在品质。即不同蔬菜品种富含各种对人体健康有益的物质，保证人类的营养需求。绿色蔬菜许可使用绿色食品标志。

目前中国绿色食品发展中心在中国国家工商行政管理局完成了绿色食品标志图形、中英文及图形、文字组合等 4 种形式在 9 大类商品上共 33 件证明商标的注册工作。绿色食品分为 A 级和 AA 级。中国农业部制定并颁布了《绿色食品标志管理办法》《绿色食品产品质量年度抽检工作管理办法》《绿色食品标志商标使用许可合同》及《绿色食品标志使用证管理办法》的有关规定，标志着绿色蔬菜作为一项拥有自主知识产权的产业在中国的形成，同时也表明中国绿色蔬菜开发和管理步入了法制化、规范化的轨道，使绿色蔬菜迈出了走向世界的重要一步。

二、绿色蔬菜标准化生产的意义

我国蔬菜的种植面积已超过 1113 万公顷，年产各类蔬菜 3.2 亿吨以上，产值达到 2500 亿元以上，总产值高，在种植业中仅次于粮食，居第二位。随着经济、社会的发展，人民生活水平的不断提高，人们对蔬菜的需求已从数量型向安全、优质、营养和保健型转变。大力发展绿色蔬菜是适应当前社会生活的迫切需求，也是未来发展蔬菜产业的大方向。

（一）生态效益

长期以来，蔬菜是在人工培育的良好环境下栽培。随着现代科学的进步，蔬菜的产量有着明显的提高，与此同时，对化肥、农药及其他工业化学产品的依赖性越来越大，特别是在"石油农业"条件下，这种依赖性更为突出。虽然生产进步了，环境却被破坏了。过量地施用化肥，破坏了长期以来良好的土壤结构，地力逐渐下降；污染水体，杀死了天敌，而且破坏了自然界昆虫、微生物与植物之间的生态平衡关系；为维持菜田的眼前生产能力，便更加依赖化肥，如此反复的恶性循环，导致菜田土壤生态环境的恶化。绿色蔬菜的生产并不一概排斥农药、化肥及其他工业化药品的应用，只是需在使用品种、剂量、时期、方法等各方面加以规范与控制，把对生态环境的破坏降到最低程度，一方面保护了良好的生态环境，为持续稳定地发展蔬菜生产创造了有利条件，另一方面也保护了人类免遭危害，可获得显著的生态效益。

（二）经济效益

绿色蔬菜的生产，使消费者几乎不需要增加太多的花费即可买到安全、质优、营养的蔬菜，而生产者可通过占领与扩大市场而获得可观的经济效益（图 2-2）。随着人们生活水平的提高，对进一步提高生活质量的要求越来越强烈，绿色蔬菜会越来越受到消费者的欢迎，市场会越来越广阔。同时，在蔬菜市场竞争日益激烈的条件下，提高质量是开拓市场的主要方法，开发绿色蔬菜的一个很好的途径。

（三）社会效益

绿色蔬菜开发的显著社会效益在于保证了消费者的人体健康。在我国的"八五"计划纲要中就已明确指出，在第一步战略目标解决温饱的基础上，第二步就是要奔小康。而小康就是要提高生活质

图 2-2　绿色蔬菜（二）

量，这里所说的生活质量包括多方面内涵，但食品仍是第一位的。绿色蔬菜的开发，就是从人们每天都离不开的主副食品的角度提高档次，逐步向饮食现代化的方向发展，是提高人们生活质量的重要途径，其产生的社会效益是巨大的。

三、绿色蔬菜标准化生产的发展趋势和展望

　　绿色蔬菜是绿色食品的主要类型之一，其生产环境远离城市及工业区的"三废"污染，严格按技术操作规程生产，灌溉水源、栽培土壤及蔬菜产品中的农药残留量、亚硝酸盐含量、重金属含量等皆不超出国家规定的食品卫生标准，产品必须经国家有关食品监测部门按绿色食品标准进行检验，达到合格标准，具有优质、安全和营养的特点。目前我国示范推广的绿色蔬菜产品仅能达到 A 级，允许适量使用符合要求的化肥、农药和生长素等，距 AA 级绿色蔬菜（有机食品）还存在相当的距离。

　　国外发达国家和地区研究开发绿色蔬菜较早，国内对此项工作的研究只是近年来开始的。以前有关这方面的研究都是借助先进昂贵的设施设备来开展，在待定的环境内控制"三废"污染，降低土

壤内亚硝酸盐、重金属等有害物质的含量和生产中的农药使用以及产品中的农药残留量，而没有充分利用优越的自然环境、气候、土壤、水源及农家肥等自然资源，采用高投入、高产出的方式，产品安全有余，优质、营养、保健不足。为适应我国国情，绿色蔬菜的生产应充分利用自然资源，配以先进的技术设施、设备，使传统农业与现代技术结合，实现产品优质、高效、低投入、高产出、安全、营养、保健的目的。

近些年来，随着世界贸易额的不断增加，欧、美、亚洲发达国家和国内市场对优质、安全、营养、保健型蔬菜需求量日趋增长。我国加入世贸组织后，绿色蔬菜的内外销市场更广大、发展趋势较好。

四、绿色蔬菜标准化生产的问题和对策

（一）存在问题

1. 观念问题

当发展绿色蔬菜食品要求减少化肥农药施用量，提高产品质量时，大多数农民放弃了绿色蔬菜食品。近几年大量使用生长调节剂，形成了蔬菜安全的另一隐患。因此，提高农民对发展绿色蔬菜生产的认识，让农民自觉按绿色蔬菜生产技术规程来进行生产，是我国绿色蔬菜发展的关键。

2. 技术问题

绿色蔬菜生产技术相对较复杂，需要一定经验的积累，另外在农业生产中的关键技术问题还没有解决，如病虫害防治问题、土壤肥力问题、环境污染问题等。应加大科研成果转化为实际操作解决绿色蔬菜生产中的问题的能力，同时应加大推广力度，让广大农民接受新技术的生产模式。

绿色蔬菜生产过程中关键的质量控制措施如下所述。

（1）选择良好的生产环境　蔬菜生产环境的主要影响因素包括大气、水和土壤等。因此，要选择空气清洁、水质优良、土壤无污染的地域作为绿色蔬菜的生产基地。一是生产基地应远离工矿区、

医院和住宅区及主干道，周围 5 千米范围内没有污染源和潜在的污染源；二是基地土壤、灌溉水、大气经相关环境检测部门检测，并符合绿色蔬菜种植环境标准要求；三是基地处于交通方便、生产基础设施齐全、土壤肥沃、适宜蔬菜生长的地域。

（2）生产投入品控制　原则上要求绿色蔬菜生产所使用的肥料应优质、安全，对蔬菜的营养、味道、品质不会产生不良后果，对环境无不利影响，有利于保护农业生态环境。肥料选用上以有机肥为主，化肥为辅。一是增施有机肥、农家肥，重视生物肥料施用。有机肥、农家肥营养全面，肥效期长，能够提高土壤肥力，改良土壤性能。生物肥含有大量有益微生物，施入后可以活化土壤，增加肥效，促进作物生长，改善蔬菜品质。农家肥应选择腐熟的堆肥、沤肥、厩肥等品种。基肥主要以有机肥和农家肥为主，可以配合使用具有生物固氮、腐熟秸秆等功效的微生物肥料。人粪尿不能作为叶菜类作物追肥使用。禁止在蔬菜地上施用未经处理的垃圾和污泥，严禁用污水灌溉。二是控制化肥用量，少施或不施无机态氮肥。化肥在绿色蔬菜生产中只可作为辅助肥料使用，以补充农家肥、有机肥和生物肥料所含养分不足。化肥要以追肥为主，应选用含磷、钾的复合肥，少施或不施无机态氮肥。无机氮素用量不应高于当季蔬菜需求量的 1/2。三是实行测土配方施肥。对蔬菜基地的土壤养分含量进行检测，制定目标产量，按照不同蔬菜品种的需肥特点，依照平衡施肥原则和绿色蔬菜施肥规定要求，决定不同蔬菜品种、不同地块的肥料种类、施肥时间、施肥方法和施肥数量。

（3）病虫害综合防治　绿色蔬菜病虫草害防治强调以农业、物理和生物防治为主，化学防治为辅的综合防治，以保持和优化农业生态平衡，建立有利于各类天敌繁衍、不利于病虫草害滋生的环境条件。

① 农业措施。选择抗病、抗虫、抗逆性强的非转基因蔬菜品种，培育壮苗，7～8 月高温季节闷棚杀菌，加强肥水管理，收获后及时清园除杂，不同蔬菜之间实行轮作倒茬，间作套种。适时收获，轻拿轻放，防止因损伤造成污染，影响产品品质。

② 物理和生物措施。播种前晒种、温水浸种，防止种子带菌，田间设置黑光灯、粘虫板诱杀害虫，机械或人工除草、除虫，利用天敌消灭害虫，减少危害，使用生物农药、矿物源农药防病治虫。

③ 化学防治。绿色蔬菜生产过程中对农药的要求十分严格，生产季节内使用次数和使用剂量及安全间隔期必须符合国家规定（《农药合理使用准则》），严禁使用国家明令禁止的高毒、高残留农药，蔬菜生产期间禁止使用任何化学除草剂。

（4）输运、储藏与加工质量控制

① 采收。蔬菜采收时用清洁、卫生、无污染的采收工具，保持产品无黄叶、无泥沙，无病斑、无伤损。清除泥土、黄叶，避免产品破损、腐烂与霉变。

② 储藏和运输。需较长时间保存的应在冷库中按品种分类储藏保鲜，防止产品之间相互污染；短时间储藏的应注意选择清洁、通风的环境，控制好温度和湿度，防止自然变质。运输中防止过重的堆压、机械损伤，注意通风和温湿度的控制，防止腐烂与霉变。

③ 加工。加工的企业须持有加工生产许可证，严格按照绿色蔬菜加工规程操作，净菜加工须用检测合格的生活饮用水清洗，用无毒的食品包装物包装，严格控制防腐剂、添加剂的不当使用（图 2-3）。

3. 监督和检测问题

目前，我国绿色蔬菜生产处于起步阶段，生产者热衷于申报绿色食品标志，管理部门忙于前期考察与审批工作，相对而言，对生产过程及后期跟踪监督方面工作不足，从而出现了一些假冒伪劣绿色蔬菜产品，能到消费者手中的绿色蔬菜产品少之又少。另外，由于农产品的特殊性，绿色产品与普通产品从外观上无法区别，而食用有毒有害农产品后，短期内也不会出现病症表现，使得消费者对市场上的绿色蔬菜产品心存疑虑。目前对绿色蔬菜产品的检测主要还是靠实验室的精密仪器来进行测试，难以普遍推广，因此，需要有简易便携、成本低廉的检测设备来提高消费者的辨别能力。今后，做好绿色蔬菜产品的监督检测工作，应是各级管理部门的重要

图 2-3　绿色蔬菜采后加工处理

工作范围，这也是发展绿色蔬菜产品的有力保障。

4. 流通问题

绿色蔬菜发展的同时应加强相应的储藏和保鲜等环节，我国每年在蔬菜储藏、保鲜、运输方面的成本几乎占全部蔬菜产值的1/3。因此，政府管理部门不但要完善前期的审批活动，同时要加强在生产环节的管理以及后期跟踪检查的监督。所以，相关部门的协调配合是绿色蔬菜最终安全走向广大人民群众餐桌的必要条件。

5. 市场问题

目前我国的蔬菜市场上，绿色蔬菜销售仅仅在大型超市，一般的菜市场比较少见，同时对绿色蔬菜的评价、监管、检测等环节无法监控。由于绿色概念宣传不到位，老百姓缺乏基本的绿色蔬菜鉴别知识。应做好绿色蔬菜产品的价格定位及监督工作，加大绿色蔬菜宣传工作，使广大人民群众认可，真正实现优质优价、公平竞争的有序市场秩序。

由于发展绿色蔬菜要求减少农药残留，而大部分毒性小的生物农药价格昂贵，大多数种植者放弃使用。因此，政府应加大在绿色蔬菜生产相关问题的科研投入。对于种植绿色蔬菜的农民，政府应给予适当补贴，调动农民种植绿色蔬菜的积极性。

（二）对策

1. 重视绿色蔬菜基地建设，控制污染源头

农业环境质量保护是蔬菜产品安全的有力保障，防止工业"三废"和城市生活废弃物污染的同时，大力发展生态农业，实现良性循环，减轻因环境污染对蔬菜质量产生不良影响（图2-4）。

图 2-4   绿色蔬菜标准化生产基地

2. 加强绿色蔬菜生产技术推广

加大绿色蔬菜宣传力度，提高广大农民的认识水平，使绿色生产得到广大老百姓的关注。建立合理有效的农技推广服务体系，农技人员到基层推广绿色蔬菜栽培、管理技术，以新的技术指导生产。运用现代业的管理模式，引导、带动农户按照标准化、专业化的要求，生产销售优质绿色蔬菜。

3. 完善绿色蔬菜监督和检验

严格依据相关绿色蔬菜的法律法规，加强对绿色蔬菜从生产环节到销售环节的质量监督，加大对绿色蔬菜的检查。通过抽检、公告、处理力度，保障绿色蔬菜产业的健康发展。

4. 建立绿色蔬菜市场调控体系

建立适合绿色蔬菜的流通体系，推行集约化和规模化经营，实现绿色蔬菜的规模效益和整合效应，建立网络平台，为农户提供市场需求信息和销售途径等多种服务，推进蔬菜产业化经营。

绿色蔬菜是关乎民生的菜篮子工程，政府的投入是绿色蔬菜走向餐桌的重中之重。要加大资金和科研力量的投入，加快产品创新和技术研究，加强对绿色食品生产管理的宣传力度，牢固树立食品安全意识和市场竞争意识，树立生态环境保护和可持续发展战略意识。同时做好绿色食品生产技术推广和技术服务，重点培养一些绿色蔬菜生产相关的农技推广员，以促进绿色蔬菜生产的发展。

绿色蔬菜的安全、卫生是关系到民生的大事。要确保真正的绿色蔬菜进入广大老百姓的餐桌，最终实现与国际市场的竞争。通过加大科研力量指导绿色蔬菜生产，同时降低生产成本，采用合理的农艺技术、选择合理的管理措施指导实践。重视绿色蔬菜生产的全程质量控制，对农业生产的每一个环节进行全程的监测与评价。加大蔬菜质量检测和产地环境监测，确保我国农业的可持续发展，为生态农业发展提供理论基础。

五、叶菜类绿色蔬菜标准化生产技术

（一）绿色菠菜标准化生产技术

菠菜，学名 *Spinacia oleracea* L.，又称赤根菜、波斯草等，藜科菠菜属一、二年生草本植物，起源于亚洲西部的伊朗一带，唐代传入我国，栽培历史悠久，现在我国南北各地普遍栽培。绿色菠菜全株均可食用，风味独佳。绿色菠菜营养丰富，含有丰富的维生素和无机盐，深受消费者喜爱，可熟食、凉拌、煮汤以及加工，还以速冻、脱水或菠菜汁等形式出口日本、韩国及欧美国家（图2-5）。菠菜性凉味甘，能润燥滑肠、养肝明目、宽肠通便，但体质虚寒者宜少食。

1. 品种选择

菠菜优良品种详见表2-1。

图 2-5　绿色菠菜

表 2-1　菠菜优良品种介绍

品种	栽培方式	品种特性	适合地区
晚抽大叶	春播、秋播	晚熟	华北及其以南地区
绿光	春播、秋播	晚熟、耐寒、抗病毒	华北、西北、东北
双城大根	越冬、秋播	早熟、耐寒、抗病虫	东北、华北
大叶	春播、秋播	晚熟、耐寒	东北、北京、山东
东北尖叶	春播、秋播、越冬	早熟、冬性强、抗寒	全国
79-2317	越冬、春播、秋播	耐热、耐寒性弱	山西
79-3329	越冬、春播、秋播	耐热、耐旱	山西
菠杂 9 号	保护地、露地越冬	耐寒	华北
菠杂 10 号	露地、保护地越冬	耐寒、抗病	华北
二混菠菜	春播、秋播	中热、抗病	内蒙古
尖叶菠菜	秋播、越冬	耐寒、不耐抽薹	内蒙古
联合 11 号	秋播、越冬	不耐涝、耐寒性强	长江流域
内菠一号	春播、秋播	抗病、抽薹晚	东北、华北
华菠一号	春播、秋播、越冬	早熟、耐高温、抗病	长江流域
春秋大叶	春、夏、秋播	抗病、耐热、抽薹晚	华北
黑叶菠菜	秋、冬播	耐热、耐寒、抽薹晚	广西

2. 茬口安排

越冬菠菜前茬为架菜豆、豇豆、南瓜、冬瓜、黄瓜、大架番茄、青椒；后茬定植茄子、辣椒、菜豆、豇豆、夏甘蓝。栽培季节见表2-2。

表2-2 菠菜栽培季节

栽培茬次	代表地区	播种期	收获期
越冬菠菜	西安	9月中下旬	2月上旬~4月中旬
	北京、保定、济南、太原	9月中下旬	3月下旬~4月下旬
	兰州、银川	9月上旬	4月下旬~5月下旬
	沈阳、长春、哈尔滨、呼和浩特、乌鲁木齐	9月上旬	5月上旬~5月中旬
	长江流域	10月下旬~11月上旬	3~4月
	华南地区	11~12月	1~2月
埋头菠菜	西安、郑州	11月下旬~12月上旬	4月下旬~5月上旬
	北京、济南	11月中下旬	4月下旬~5月上旬
	银川、沈阳、长春	11月上中旬	5月中旬~5月下旬
	哈尔滨	10月中下旬	5月下旬~6月上旬
春菠菜	西安、郑州	2月下旬~3月上旬	4月中旬~5月上旬
	北京、保定、济南、太原、兰州	3月上旬~3月中旬	5月上旬~6月上旬
	银川、沈阳、长春、哈尔滨、乌鲁木齐、呼和浩特	3月下旬~4月下旬	5月中旬~6月上旬
	长江流域	2~4月	3~5月
	华南	1~2月	3~4月
夏菠菜	西安、北京、保定、济南、太原	5月中旬~6月中旬	6月下旬~7月上旬
	沈阳、长春	6月上旬~7月上旬	7月上旬~8月上旬
	长江流域	7月下旬	9月
秋菠菜	长春、哈尔滨、乌鲁木齐、呼和浩特	7月上旬~8月上旬	9月上旬~10月中旬
	北方其他地区	8月上旬~8月下旬	9月上旬~10月中旬
	长江流域	8月上旬~9月上旬	9月下旬~10月下旬
	华南地区	8~10月	9~11月
冬藏菠菜	呼和浩特、沈阳	8月上中旬	10月中下旬
	西安、北京、保定、济南、太原	9月上旬	11月上旬~12月上旬
温室菠菜	各地	11~12月	1~3月

3. 整地施基肥

前茬收获后，及时清理田园，每亩施入有机肥 3000～4000 千克，深翻 23～27 厘米，耙耱碎土、平整土地，做成宽 1.2～1.5 米的平畦。

4. 播种及田间管理

（1）越冬菠菜

① 播种。凉水浸种 12～14 小时，催芽 3～5 天，单主作区采用条播，播种量每亩 10～12 千克，行距 10～15 厘米；其他地区撒播，每亩播种量 4～5 千克。覆土厚度 2～3 厘米。

② 田间管理。

冬前管理：播种后土壤水分不足应轻浇一水，2 片真叶时间苗，苗距 3～4 厘米，间苗后轻补一水，每亩施入硫酸铵 10～15 千克。入冬前喷药防治蚜虫。

越冬期：立冬前后浇 1 次冻水，同时顺水施入人粪尿 1000～1500 千克，之后在早晨盖一层细土或土粪。

返青期：冻土层解冻、表土干燥时，轻浇 1 次返青水，同时施入腐熟有机肥 1000 千克，以后小水勤浇，保持土壤湿润。

（2）秋菠菜

① 播种。用冷水浸种 24 小时，在 15～20℃ 条件下催芽 3～4 天，出芽后在傍晚播种，每亩播种量 3～3.5 千克。

② 田间管理。出苗后，小水勤浇，保持土壤湿润，雨后注意排涝。4～5 片真叶后，加大灌水量，同时施入腐熟有机肥 800～1000 千克。10 天后再施肥 1 次。播种后 50～60 天采收。

（3）埋头菠菜

① 播种。冬季日平均温度 2～4℃ 时播种，干籽播种，条播或撒播，播种深度 3 厘米。播后镇压。每亩用种量 5～7 千克。

② 田间管理。越冬期防止践踏，早春土壤化冻 2～3 厘米时耙耱畦面。3～4 片叶时浇水，每亩施入硫酸铵 10～15 千克，10～15 天后，浇水并施入腐熟有机肥每亩 600～800 千克。生长期间保持土壤湿润。

（4）春菠菜

① 播种。日平均气温达到 4～5℃，地表化冻时播种。干籽播种或浸种催芽后播种，条播或撒播，每亩用种量 5～6 千克。

② 田间管理。出苗至 2～3 片真叶期间不灌水，4～5 片真叶时勤浇水保持土壤湿润。顺水冲施硫酸铵每亩 10～20 千克。出苗后 50～60 天采收。

（5）夏菠菜

① 播种。冷水浸种催芽，湿播，播种后畦面覆盖遮阳网或稻草。每亩播种量 4～5 千克。

② 田间管理。出苗后及时除去覆盖物，苗期小水勤浇，保持地面湿润。收获前 15 天施入 1 次腐熟人粪尿。每亩 600～800 千克。

5. 病虫害防治

（1）人工防治　早春在菠菜田内发现系统侵染的萎缩株，要及时拔除，携出田外烧毁，收获后及时清除病残体，集中深埋或烧毁，以减少菌源。要施入充分腐熟的粪肥。避免使用未腐熟粪肥，特别是厩肥，以免把病虫源带入田中。

（2）虫害诱杀防治　利用糖 1 份、醋 1 份、水 2.5 份，加适量敌百虫配成的诱剂可诱杀潜叶蝇成虫。

（3）植株施药

① 菠菜霜霉病　发病初期开始喷洒 40％三乙磷酸铝（乙磷铝）可湿性粉剂 200～250 倍液，或 58％甲霜灵·锰锌可湿性粉剂 500 倍液、或 64％杀毒矾可湿性粉剂 500 倍液、或 70％乙磷锰锌可湿性粉剂 500 倍液、或 72.2％克露 500 倍液、或 72.2％普力克水剂 800 倍液，隔 7～10 天左右 1 次，轮换用药防治 2～3 次。

② 菠菜叶斑病　发病初期喷洒 30％绿得宝悬浮剂 400～500 倍液或 1∶0.5∶160 波尔多液、75％百菌清可湿性粉剂 700 倍液、50％多霉灵可湿性粉剂 1000～1500 倍液，隔 7～10 天 1 次，轮换用药防治 2～3 次。还可用 50％甲霉灵可湿性粉剂 800 倍液。

③ 菠菜灰霉病　在发病初期可喷洒 50％速克灵可湿性粉剂

1500 倍液，或 50％扑海因（异菌脲）可湿性粉剂 1500 倍液、65％抗霉威可湿性粉剂 1000～1500 倍液、50％甲霉灵可湿性粉剂 800 倍液。

④ 菠菜矮花叶病　及时防治蚜虫，以减少传毒。可选用 0.5％藜芦碱醇液 800 倍液或毒力虫霉菌防治，也可选用 50％抗蚜威可湿性粉剂 2000～3000 倍液，具有特效，还可用 10％敌畏·氯氰乳油 4000 倍液等防治。

发病初期开始喷洒 5％菌毒清可湿性粉剂 500 倍液或 0.5％抗毒剂 1 号水剂 300 倍液，20％毒克星可湿性粉剂 500 倍液，20％病毒宁水溶性粉剂 500 倍液，隔 10 天左右 1 次，防治 1～2 次。

⑤ 菠菜潜叶蝇　在产卵盛期至孵化初期，可采用 21％灭杀毙（增效氰·马乳油）6000 倍液、2.5％溴氰菊酯或 20％氰戊菊酯 3000 倍液、10％溴·马乳油 2000 倍液、10％菊·马乳油 1500 倍液、10％喹硫磷乳油 1000 倍液、80％敌百虫可溶性粉剂或 90％敌百虫晶体 1000 倍液、50％辛硫磷乳油 1000 倍液等。

上述每种有机合成的药剂在蔬菜的一个生育期内只能使用 1 次，并严格遵守农药合理使用准则的有关规定，必须在各药剂的安全间隔期后采收。

（二）绿色芹菜标准化生产技术

芹菜又称旱芹、药芹，学名 *APIum graveolens* L.，为伞形科芹菜属二年生植物。芹菜原产于地中海沿岸及瑞典等地的沼泽地带，在我国栽培历史悠久，分布广泛，是北方主栽蔬菜种类之一。绿色芹菜含有丰富的蛋白质、脂肪、碳水化合物和维生素 C 及矿物质，含有挥发性芳香油，具有特殊的芳香风味，能促进食欲（图 2-6）。主要食用部分是其脆嫩的叶柄和嫩茎，可炒食、做馅、凉拌。芹菜有调经、消炎、降血压和清肠利便等药用价值。

1. 品种选择

芹菜优良品种详见表 2-3。

图 2-6 绿色芹菜

表 2-3 芹菜优良品种介绍

品种	栽培方式	品种特性	适宜地区
津南时芹1号	露地、保护地春秋冬栽培	抗病	全国各地
天津白庙芹	四季栽培	耐热、耐寒、耐储运、耐肥	全国各地
01-四季芹	四季栽培	耐热、耐寒、抗病	华东、华南
潍坊青苗实心芹	四季栽培	耐热、耐寒、抗病	华北
大叶岚芹	露地、保护地春秋冬栽培	抗低温、耐储运	全国各地
开封玻璃脆	春秋露地、保护地越冬	抗逆性强、耐储运	全国各地
尤他西芹	露地、保护地越冬栽培	抗低温、耐抽薹	长江流域、华北
上海大芹	春秋露地、保护地越冬	耐寒、耐湿、抗病	上海、广东、北京
武汉清白梗	春秋栽培	早熟、耐湿、不耐寒	天津、湖北
意大利冬芹	春秋露地、保护地越冬	抗病、抗寒、耐热	全国各地
意大利夏芹	露地、保护地	抗病、抗热、耐寒	全国各地
改良尤他52-70R	春秋露地、保护地越冬	抗逆、抗抽薹、抗病	华南、江苏、北京
荷兰西芹	保护地、春露地栽培	耐寒、不耐热	全国各地

2. 茬口安排

露地栽培以秋季栽培为主，其次为越冬栽培和春栽培，也可夏秋栽培，利用保护地等，基本能达到周年生产。同非伞形科的作物轮作2～3年以上。可以同黄瓜、豆类蔬菜、茄果类蔬菜间套作。

栽培季节见表2-4。

表2-4　各地芹菜的栽培季节

栽培茬次	代表地区	播种期	定植期	收获期	说明
秋茬	开封、保定、银川	5月上中旬	8月上中旬	10月下旬	可延迟收获
	北京、太原、西安	6月上下旬	8月上中旬	10月下旬～11月下旬	可假植储藏
	济南	7月上中旬	8月中旬～9月上旬		可假植储藏
	沈阳、长春	7月上下旬	8月下旬～9月中旬	11月上下旬	可后期覆盖
	哈尔滨、呼和浩特、乌鲁木齐	6月上旬	7月中旬	10月上下旬	
	长江流域	7月上旬～8月下旬	8月上旬～9月上旬	9月中旬～10月中旬	
	华南	7月上旬～8月上旬	8月上旬～9月上旬	9～12月	
越冬茬	北京	7月中旬～8月上旬	9月上旬～10月上旬	4月上旬～5月上旬	风障加覆盖
	西安	7月下旬～8月上旬	10月中下旬	4月上下旬	直播的可稍晚
	开封	8月中旬	9月下旬	4月中下旬	可设风障
	济南	9月上下旬		4月上旬～5月上旬	露地直播
	长江流域	9～10月	10～11月	1～3月	
	华南	9～10月	10～11月	1～4月	

栽培 茬次	代表地区	播种期	定植期	收获期	说明
春茬	北京、济南、太原	2月上旬～ 3月下旬	3月下旬～ 4月上旬	5月下旬～ 6月上旬	保护地育苗
	沈阳、长春、乌鲁 木齐、呼和浩特、哈 尔滨	2月中旬～ 3月中旬	4月中下旬	6月上中旬	加温育苗
	西安、兰州、银 川、开封	2月下旬～ 3月上旬		5月下旬～ 6月上旬	露地直播
	长江流域	3月	4～5月	5～6月	
	华南	10～12月	11～翌年1月	2～4月	
早秋 茬	以上北方各地	4月下旬～ 5月上旬		8～9月	
温室 冬茬	以上北方各地	7月上旬～ 8月上旬	9月上旬～ 10月上旬	1～2月	

秋芹菜前茬为早夏菜，如番茄、黄瓜、菜豆等。越冬芹菜的后茬为晚夏菜或早秋菜。

3. 整地施基肥

每亩施入腐熟有机肥 5000 千克、过磷酸钙 100 千克、草木灰 100 千克或硫酸钾 10 千克、尿素 20 千克、硼砂 0.5～0.7 千克，施肥后深翻 20～30 厘米，使肥土充分混合，耙细，做成 1～1.2 米的平畦。

4. 播种育苗

（1）种子处理　种子用 60～70℃ 热水烫种，边倒热水边搅拌 10 分钟，15～20℃ 冷水浸泡 12 小时，在 15～20℃ 条件下催芽 3～4 天。大部分种子出芽后播种。

（2）苗床准备　1 平方米的苗床施入过磷酸钙 0.5 千克、草木灰 1.5～2.5 千克、硫酸铵 0.5 千克，肥土混合过筛，整平畦面。最好采用育苗盘或穴盘播种。

（3）播种　苗床浇透底水，种子同细沙子或白菜种子混合播种，覆土厚度 0.5 厘米。高温季节在阴天或傍晚进行，播后苗床上覆盖遮阳网；低温季节要在晴天播种，播后苗床上覆盖地膜。

（4）苗期管理　苗出齐后除去覆盖物，并拔除混播的白菜苗，保持土壤湿润，高温季节早晚浇水，雷阵雨后及时浇井水降温；低温季节晴天上午浇水。

间苗 1～2 次，保持苗距 3 厘米，3 片真叶时随浇水施 1 次尿素，每亩施用 7～10 千克。

温度控制白天 15～20℃，夜间 10～15℃，低温季节保护地育苗，定植前 10 天逐渐降低温度进行秧苗锻炼，温度逐渐降低到5℃，短时间 2℃。

（5）苗龄　秋芹菜 40～50 天；越冬芹菜 60～70 天；春芹菜50～60 天；塑料薄膜大棚早春栽培 80 天；日光温室越冬栽培60 天。

5. 定植

本芹品种定植密度，穴距 13～15 厘米，每穴 2～3 株，或单株栽植，株距 10 厘米；沟栽行距 60～66 厘米，穴距 10～13 厘米，每穴 3～4 株。

西芹品种栽培密度，保护地株行距 15～20 厘米；露地栽培行距 30 厘米，株距 25 厘米；培土软化栽培行距 33～45 厘米。均采用单株定植。

高温季节定植要在阴天或傍晚进行，低温季节在晴天进行。大小苗分别栽植，深度以埋住根颈为度，越冬芹可以稍深些。

6. 田间管理

（1）肥水管理　缓苗期需要 15～20 天，高温季节定植后要小水勤灌，保持土壤湿润；低温季节要及时松土。缓苗后植株新叶开始生长，结合浇缓苗水追施尿素每亩 5～8 千克。

缓苗后浇 1 次缓苗水，开始蹲苗 10～15 天，这期间中耕 1～2次，深度 3 厘米。

越冬芹菜在越冬前浇 1 次冻水，翌春气温 4～5℃时，清洁田园，浇返青水。

心叶开始直立生长时，结束蹲苗，及时浇水，保持土壤湿润，3～4天浇水1次。追肥2～3次，第1次可追施硫酸铵每亩15～20千克、硫酸钾和过磷酸钙各10千克，10天后追施腐熟的人粪尿750～1000千克，10～15天后再追施腐熟有机肥1次。储藏的芹菜收获前7～10天停止浇水。

保护地栽培的进行二氧化碳施肥。

（2）培土软化 秋芹菜培土软化的，当植株高25厘米时，天气转凉时开始培土软化。充分浇水后，在晴天下午培土。每次以不埋住心叶为度，土要细碎。共培土4～5次，总厚度17～20厘米。

（3）温度管理 白天20～22℃，夜间13～18℃，土温15～20℃。

7. 收获

株高50～60厘米时掰叶收获，也可一次性收割。或连根拔除进行假植储藏。

8. 病虫害防治

（1）种子消毒 从无病株上选留种子或播前用10%盐水选种，48～49℃温水浸30分钟，边浸边搅拌，后移入冷水中冷却，晾干后播种。

（2）床土消毒 每平方米苗床可选用50%的多菌灵9～10克，加细土4.0～4.5千克拌匀，播前一次浇透底水，待水渗下后，取1/3药土撒在畦面上，把处理好的种子播上，再把余下的2/3的药土覆在上面，即下垫上覆将种子夹在药土中间。或用72.2%普力克水剂400倍溶液、64%杀毒矾500倍液喷施土壤，或用40%的拌种双粉剂，也可用50%的多菌灵与福美双1∶1混合，每平方米苗床施药8克。

（3）生物防治 芹菜蚜天敌种类多，主要有瓢虫、食蚜蝇和草蛉等，对其种群具有很好的控制作用，要保护和利用，或喷施2.5%鱼藤精乳剂800倍液进行防治。

（4）物理防治 为防止有翅蚜迁飞扩散，可在棚室芹菜的通风口铺设防虫网（40～60目），能有效地控制其危害。

（5）植株施药

① 芹菜菌核病

药剂喷施：发病初期开始喷洒50％速克灵或50％扑海因或50％农利灵可湿性粉剂1000～1500倍液，或70％甲基硫菌灵可湿性粉剂600倍液及40％菌核净可湿性粉剂500倍液。

喷施熏蒸：棚室于发病初期，每亩用10％速克灵烟剂250～300克熏一夜，也可于傍晚撒10％灭克粉尘剂，每亩每次1千克，隔7～10天1次。

② 芹菜叶斑病

药剂喷施：发病初期喷施50％多菌灵可湿性粉剂800倍液，或50％甲基硫菌灵可湿性粉剂500倍液、77％可杀得可湿性粉剂500倍液。

喷施熏蒸：在棚室保护地栽培，可选用5％百菌清粉尘剂，每亩每次1千克，或施用45％百菌清烟剂，每亩每次200克，隔9天左右1次，连续施用2～3次。

③ 芹菜斑枯病　可用45％百菌清烟剂熏烟，每亩每次200～250克，或喷撒5％百菌清粉尘剂，每亩每次1千克。露地可选喷75％百菌清可湿性粉剂600倍液、70％甲基硫菌灵可湿性粉剂800倍液、64％杀毒矾可湿性粉剂500倍液、40％多·硫悬浮剂500倍液，隔7～10天1次，轮换用药防治2～3次。

④ 芹菜蚜　又称胡萝卜微管蚜。幼叶出现卷叶前，蚜虫初发期喷施50％抗蚜威可湿性粉剂3000倍液、10％吡虫啉可湿性粉剂1500倍液、50％辛硫磷乳剂1000倍液、50％马拉硫磷乳剂1000倍液、20％杀灭菊酯2000～3000倍液或用22％敌敌畏烟剂熏。采收前7天停止用药。

上述每种有机合成的药剂在蔬菜的一个生育期内只能使用1次。

（三）绿色莴苣标准化生产技术

莴苣，菊科，莴苣属，一、二年生草本植物。莴苣可分为叶用和茎用两类。莴苣的名称很多，在本草书上称作"千金菜""莴苣"和"石苣"。叶用莴苣又称春菜、生菜，茎用莴苣又称莴笋、香笋。我国各地莴笋栽培面积比生菜多。绿色莴笋的肉质嫩，茎可生食、凉拌、炒食、干制或腌渍（图 2-7）。绿色生菜主要食叶片或叶球，近年来在各大城市尤其是南方沿海各省的大城市有所发展，成为当前增加花式品种的主要蔬菜。莴苣茎叶中含有莴苣素，味苦，高温干旱苦味浓，能增强胃液分泌、刺激消化、增进食欲，并具有镇痛和催眠的作用。根系多分布在 20～30 厘米土层内。

图 2-7　绿色莴苣

1. 品种选择

绿色莴苣优良品种详见表 2-5。

2. 茬口安排

绿色茎用莴苣（莴笋）栽培时把茎叶生长盛期安排在日照较短、气候凉爽的季节，以春秋栽培为主。栽培季节见表 2-6。

叶用生菜适应性较强，可参考莴笋的栽培季节。结球莴苣对温度的适应性较窄，不耐低温和高温，北方主要春季栽培，利用保护地可一年四季栽培；南方地区秋冬播种，春季收获或秋播冬收。华南地区从 8 月到次年 2 月播种，9 月至次年 4 月收获。夏季利用遮阴防雨设施栽培。

3. 整地施基肥

选用肥沃、保水保肥力强的土壤，深耕晒地，每亩施入腐熟有机肥 2000～3000 千克，精细整地，做成 1.3～2.6 米宽的平畦，雨

表 2-5　莴苣优良品种介绍

品种		栽培方式	生长时间/天	品种特性
叶用莴苣	软尾玻璃生菜	秋露地、冬季保护地	40	抗病、不耐热
	鸡冠生菜	春露地	50~60	耐寒、耐热、抽薹晚、抗病
	花叶生菜	春露地	50~60	抽薹晚、耐寒、耐热性中等
	红生菜	南方露地越冬栽培	100~120	耐热、抗病
	广东生菜	南方四季栽培	60	耐热强、不耐寒、抗病
	甜脉菜	南方越冬栽培	70~80	耐寒、耐热、耐湿、抽薹晚
	皇帝	四季	70	抗病、耐热、适应性广
	绿波生菜	春季露地、保护地	40~50	适应性广、抗病
	大湖 659	春季露地、保护地	90	耐寒、不耐热
	恺撒	春秋保护地、夏露地	50~60	抗病、耐热、抽薹晚
	萨林纳斯	春秋播种	60~70	抗病、耐寒
	奥林匹亚	晚夏、早夏、夏季、早秋	65~70	耐热、抽薹晚
	红帆紫叶生菜	春秋露地	45	耐热、不易抽薹、喜光
	东方福星	春秋露地、保护地	50~60	抗病、耐寒
	东方翠星	春秋露地、保护地	65	耐寒
	大速生 TBR	露地、保护地	45	抗病、适应性强
	东方凯旋	北部春秋播种	50~60	耐热、抗病
茎用莴苣	柳叶笋	秋季栽培	110	耐寒、耐热
	挂丝红莴笋	冬暖地区冬春栽培	100~105	耐肥、抗病、适应性广
	苦马叶莴笋	南方春播、夏播、秋播	65~85	耐热、不易抽薹
	锣锤莴笋	湖南秋季、春季、越冬栽培	春播 40	耐寒、较耐热、不耐肥
	孝感莴笋	湖北冬播、春播、秋播	180~190	耐寒、耐肥、抗病
	大叶莴笋	广西秋播	105~110	较耐热、耐湿、耐肥
	鱼肚莴笋	北方春季露地、保护地	80	抗寒、稍耐热、抗病
	鸡腿莴笋	露地越冬栽培、早春栽培	110	耐寒、适应性强、抗病
	雁翎笋	春秋栽培	70	耐寒、耐热、抗病性强

表 2-6　莴笋的栽培季节

栽培方式	代表地区	播种期	定植期	收获期
春莴苣	西安、济南、郑州	9 月上旬~9 月中旬	10 月下旬~11 月上旬	4 月下旬~5 月上旬
	北京、保定、太原	9 月下旬~10 月上旬	3 月上旬~3 月下旬	5 月中旬~6 月中旬
	银川、兰州	12 月中下旬	3 月下旬~4 月下旬	6 月上旬~6 月中旬
	沈阳、呼和浩特、乌鲁木齐、长春	2 月上旬~2 月下旬	4 月中旬~4 月下旬	5 月上旬~6 月中旬
	长江流域	9 月下旬~11 月上旬	11~1 月	3~4 月
	华南地区	11~12 月	12~1 月	2~4 月
夏莴苣	西安、太原、兰州、银川	2 月下旬~3 月下旬	4 月下旬~5 月上旬	6 月下旬~7 月下旬
	长江流域	10~11 月	5~6 月	6~7 月
秋莴苣	呼和浩特、乌鲁木齐、沈阳	6 月下旬~7 月下旬	7 月下旬	9 月下旬~10 月上旬
	北京、太原、郑州、西安	7 月下旬~8 月上旬	8 月下旬~9 月上旬	10 月下旬~11 月上旬
	济南、兰州	7 月下旬~7 月下旬	7 月下旬~8 月上旬	10 月下旬~10 月下旬
	长江流域	8 月上旬~8 月下旬	8 月上旬~9 月上旬	9 月下旬~11 月上旬
	华南地区	8~10 月	9~10 月	10 月上旬~11 月下旬
冬莴苣	西安	9~10 月	10~11 月	1~2 月
	长江流域	8 月下旬	9~11 月	12~2 月
	华南地区	10~12 月	11~12 月	12~2 月

水多的地区做成高畦。

4. 播种育苗

选择较重的种子,高温期播种可用凉水浸种 5~6 小时,在 15~18℃的条件下见光催芽,用湿播法播种,覆土厚度 0.5 厘米。苗期间苗 1~2 次,分苗 1 次,苗距,秋莴苣 4~5 厘米见方,春莴苣 6~8 厘米见方。春莴苣苗龄 40 天,秋莴苣苗龄 25~30 天。

5. 定植

莴笋冬前定植可栽深一些，春栽者宜浅。栽植密度早熟品种20厘米见方，中晚熟品种30～33厘米见方；结球生菜株行距30～33厘米见方，散叶生菜或直立生菜20厘米见方。

6. 田间管理

（1）茎用莴苣栽培　冬前定植的，缓苗后浇缓苗水，施入尿素每亩10～15千克，然后深中耕，控制浇水，进行蹲苗，封冻前浇冻水，畦面盖草或薄膜保护越冬。返青后及时浇返青，水肥管理实行先控后促，前期中耕保墒提温，进入发棵期后，追施1次尿素，每亩10～15千克，茎部开始肥大时，保持水分均匀，追施1～2次腐熟有机粪肥。

秋莴笋定植后及时浇定植水和缓苗水，并追施尿素每亩5～8千克。以后控水控肥料，加强中耕，团棵时浇水追肥，每亩施尿素10千克，以后见干见湿。叶片封垄、茎部开始肥大时，第3次追肥，每亩施腐熟粪肥800～1000千克、硫酸钾10千克。

（2）叶用莴苣栽培　定植后每亩施入复合肥20～25千克，缓苗后控制浇水进行蹲苗，进入结球期后，轻浇勤浇，保持土壤湿润，定植30天后施入腐熟粪肥每亩500～800千克。

7. 收获

莴苣的采收标准是心叶与外叶平齐；叶用生菜定植后25～40天始收。

8. 病虫害防治

（1）莴苣菌核病　发病初期开始喷洒70%甲基硫菌灵可湿性粉剂700倍液或50%扑海因可湿性粉剂1000～1500倍液、50%速克灵或农利灵可湿性粉剂1500倍液、40%菌核净可湿性粉剂500倍液、50%多菌灵500倍液，隔7～10天1次，轮换用药防治3～4次。

（2）莴苣灰霉病　发病初期喷洒50%异菌脲800～1000倍液，或70%甲基硫菌灵可湿性粉剂600～800倍液、50%速克灵可湿性粉剂1500倍液、50%甲霉灵可湿性粉剂1000倍液、50%乙烯菌核利可湿性粉剂 1000 倍液。视病情，隔 7～10 天 1 次，轮换用药防治 3～4 次。

（3）莴苣病毒病

① 防蚜控病　发现蚜虫及时防除，减少传毒。

② 药剂防治　发病初期开始喷洒 20％病毒 A 或 1.5％植病灵、5％菌毒清可湿性粉剂 500 倍液、抗毒剂 1 号水剂 300 倍液、83 增抗剂 100 倍液，隔 10 天左右 1 次，轮换用药防治 3～4 次。

③ 物理防治　发病严重时，可用遮阳网覆盖。

（4）莴苣白粉病　发病初期开始喷施 10％施宝灵胶悬剂 1000 倍液或 1∶1∶160 的波尔多液或 15％粉锈宁可湿性粉剂 800～1000 倍液、50％多硫合剂 500～600 倍液、60％防霉宝超微可湿性粉剂或水溶性粉剂 600 倍液、40％福星乳油 9000 倍液，每亩喷兑好的药液 50 升，隔 10～12 天 1 次，轮换用药防治 2～3 次。

（5）莴苣腐败病

① 生物防治　用 72％农用硫酸链霉素 3500～4000 倍液喷洒。

② 化学防治　在发病初期，应开始喷洒 30％氧氯化铜悬浮剂 800 倍液或 30％绿得宝悬浮剂 300～400 倍液、50％琥胶肥酸铜（DT）可湿性粉剂 500 倍液、75％琥·乙磷铝（DTM）可湿性粉剂 500 倍液、25％噻枯唑可湿性粉剂 500～1000 倍液、47％加瑞农可湿性粉剂 1000 倍液，每亩喷兑好的药液 50 升，隔 10 天左右 1 次，防治 1～2 次。

（6）莴苣软腐病

① 人工防治　田间农事活动应尽量避免使植株产生伤口，发现病株集中深埋或烧毁。

② 药剂防治　发病初期开始喷洒 30％氧氯化铜悬浮剂 800 倍液或 47％加瑞农可湿性粉剂 1000 倍液、77％可杀得可湿性微粒粉剂 500 倍液、30％绿得宝悬浮剂 400 倍液、14％络氨铜水剂 300 倍液。

（7）莴苣指管蚜

① 生物防治　蚜虫天敌种类多，主要有瓢虫、食蚜蝇和草蛉

等，对其种群具有很好的控制作用，要保护和利用。也可喷施2.5%鱼藤精乳剂800倍液进行防治。

② 阻隔防治　为防止有翅蚜迁飞扩散，可在棚室的通风口铺设防虫网（40~60目），能有效地控制其危害。

③ 化学防治　在初发阶段喷施40%氰戊菊酯3000倍液或20%灭扫利乳油2000倍液、2.5%功夫乳油2000倍液、2.5%天王星乳油3000倍液、50%抗蚜威乳油2000~3000倍液等。采收前7天停止用药。保护地可选用杀蚜烟剂。上述每种有机合成的药剂在蔬菜的一个生育期内只能使用1次。

（四）绿色不结球白菜标准化生产技术

不结球白菜（*Brassica campestris* ssp. *chinensis* Makino）是十字花科芸薹属以绿叶为产品的一、二年生草本植物，主要包括普通白菜、乌塌菜、菜薹、分蘖白菜等变种。白菜原产于我国，由芸薹属芸薹种演化而来的白菜亚种。不结球白菜与大白菜的区别在于有明显的叶柄而无叶翼，且不结球。此类型在我国栽培十分普遍，但以长江流域及江南为主产区。据统计其年产量占当地蔬菜总量的30%~40%，在周年供应中占有重要地位。

绿色不结球白菜栽培面积大、产量高、易于栽培、种类和品种多、供应期长、营养丰富，是消费群体最大、消费量最多的大众蔬菜（图2-8）。

1. 品种类型

不结球白菜品种资源丰富，主要栽培的有以下变种。

（1）普通白菜　又称小白菜、青菜、油菜。株型直立或展开，一般产量高、品质好、适应性强、分布广泛。根据栽培季节和生态习性又可分为以下3个类型。

秋冬白菜。我国南方栽培最多，株型直立或束腰，以秋冬季栽培为主，依叶柄色泽不同又可分为白梗和青梗两类。白梗代表品种有南京矮脚黄、常州短白梗、广东乌夜白；青梗有上海矮箕白、杭州早油冬、苏州青梗、昆明的蒜头白和调羹白等。

春白菜。株型多开展，少数直立或微束腰，冬性强，耐寒。根

图 2-8　绿色不结球大白菜

据抽薹早晚可分为早春白菜和晚春白菜。前者 2～3 月上市，代表品种有无锡三月白、杭州油冬儿、南京亮白。后者 4～5 月上市，代表品种有南京四月白、上海四月慢及五月慢等。

夏白菜。是 6～8 月高温栽培和上市的不结球白菜。多为直播，以幼苗或半成株采收供食。代表品种有上海火白菜、杭州火白菜、广州马耳白菜、南京矮杂 1 号等。

（2）乌塌菜　又称乌菜、京白菜。植物塌地或半塌地生长，叶色浓绿或墨绿，叶面平滑或皱缩，耐寒力强，南方多在晚秋播种，春节前后上市供应，经冬季霜雪后味甜质美，但由于冬季气温低生长慢，株型矮小产量低。根据生长习性可分为塌地型和半塌地型。前者植株叶片塌地而生呈盘状，代表品种有常州乌塌菜、上海小八叶及中八叶。后者植株半直立或半塌地，如南京瓢儿白、上海塌棵菜、合肥黄心屋等。

根据成熟期早晚又可分为早春种（如南通马儿黑菜）、晚春种（如南通四月春不老）。

（3）分蘖白菜　又名京水菜、水晶菜。植株初生塌地，以后自短缩茎处环生基叶十余片，并从叶腋处产生分蘖，每个分蘖又生许多叶片,整株叶片数达数十至数百片,呈丛生状。耐寒力强,主供鲜食或加工,栽培不普遍,主要分布在江苏南通地区,一般晚秋播种,春季抽薹前收获。代表品种有日本京水菜等。

(4)菜薹 以花薹为产品,主要分布在华南、华中区,广东、广西、台湾、湖北栽培普遍。根系浅,抽薹前茎短缩,绿色或紫色,花薹叶较小,花茎下部叶柄短,上部无叶柄。代表品种有菜心、红菜薹等。根据生长期长短及栽培季节又可分为早熟种(如广东的四九菜心、黄叶早心、油叶早心)、中熟种(如黄叶中心、青梗中心、柳叶中心等)、晚熟种(如青圆迟心、三月青菜心等)。在华南广东等地早菜心4~8月均可播种,5~10月采收。中熟种9~10月播种,10月~翌年1月采收。晚熟种11月至翌年2月播种,12月至翌年4月采收。菜薹可直播也可育苗移栽。

2. 栽培季节与茬口安排

不结球白菜变种及品种多,适应性广,又无严格的采收期,只要因地制宜选择类型和品种,即可做到四季栽培,周年供应。

(1)秋冬白菜 秋冬是白菜主要栽培季节,华北地区用保护地栽培9~10月播种,翌年1~3月采收;华中及江淮流域8~10月播种,露地栽培,封冻前收获;华南地区9~12月均可播种,30~40天即可收获。

(2)春白菜 南方多于高温季节的6~8月播种,播后20~30天以小苗上市,俗称"鸡毛菜""火白菜"。华北地区多在夏茬与秋茬换季的空隙增种一茬短期白菜,一般7月播种8~9月收获。

前作最好选择非十字花科的葱蒜类、茄果类、瓜豆类等蔬菜,尽量避免连作以减轻病虫害。

3. 栽培技术

栽培技术流程为整地、施基肥、作畦、育苗移栽或直播、田间管理(间苗、中耕、除草、灌水、追肥、防病虫害)、收获。

(1)整地施肥 前作收后,结合犁地在耕作层内均匀施入腐熟有机肥30~45吨/公顷,耙细耧平。北方多作成平畦,南方作高畦或垄。

（2）播种育苗　秋冬白菜一般先育苗后移栽，苗床施有机肥1.5～2.3千克/平方米，作成高畦，播种量2.3～3克/平方米，苗床与大田的面积比为1：（4.5～9）。播种后土壤湿润3～4天即可出苗，出苗后2或3片真叶时进行间苗，保持4～5厘米的株行距，并视土壤墒情及幼苗长势适时浇水追肥，注意防治病虫害。

反季节栽培晚秋播的春白菜及夏白菜多采用直播，间拔采收或采用穴盘护根育苗。

（3）栽植　当幼苗具5～6片真叶、高12～15厘米时即可移栽。苗龄因季节及设施环境而不同，秋播的生长快，需20～25天；晚秋或冬播则要40～50天；定植前应浇起苗水，尽量多带土少伤根，缩短缓苗时间，穴盘育苗全根定植基本无缓苗期。定植深浅以不埋心叶为度，密度视季节、植株开展度而定，一般早熟种、直立生长类型株行距20厘米×20厘米；晚熟种、开展度大的株行距25厘米×25厘米；定植后及时浇定根水，以后连续浇几次缓苗水，直至成活。

（4）田间管理

① 中耕除草　植株封行前中耕2～3次，以利于增温保墒、除去杂草，促进根系生长。

② 灌水追肥　不结球白菜根系浅、吸收能力弱、生长期短、需水量大，应适时浇灌，保持土壤湿度。浇水结合追肥，定植成活后追一次提苗肥，以后每隔7～8天追1次。

（5）采收　采收期视栽培季节、消费习惯、市场需求而定，夏白菜定苗后20～25天有4～5片叶即可采收；秋冬白菜定植后30～50天陆续采收，随着气温下降采收期也将延长；春白菜因生长期间气温低，生长缓慢，要100天以上才能采收，但品质好。华南地区冬无严寒，播种期和采收期都比较灵活。采后要清洗、整理、分级、扎把包装。

（五）绿色叶用芥菜标准化生产技术

叶用芥菜别名青菜、苦菜，十字花科，以叶片、叶球和叶柄供食的一、二年生草本植物，原产于我国，是我国栽培历史悠久且最为普遍的绿叶蔬菜。绿色叶用芥菜内含丰富的维生素、蛋白质、糖类和矿物质，尤其是硫代葡萄糖苷水解后产生挥发性的芥子油，有特殊的辛辣味，可增进食欲、祛痰、解燥（图2-9）。绿色叶用芥菜可煮食、炒食，也可以加工成各种风味咸菜或菜干，香气浓厚、滋味鲜美。

图 2-9　绿色叶用芥菜

1. 品种类型

叶用芥菜类型多、品种丰富，依叶片形态、颜色、分蘖力等可分为很多变种。栽培普遍的有以下类型。

（1）大叶芥　植株高大，叶片宽厚，叶缘波状或锯齿状，叶柄窄或较宽，叶色由深绿至浅绿，叶面平滑无刺毛及蜡粉，叶片长宽比约2.5∶1。适应性广，南方普遍栽培，主要品种有浙江早芥、广东梅县皱叶芥、四川南充箭秆青、贵州独山大叶芥等，主供鲜食或加工。

（2）小叶芥　叶片长椭圆形或倒卵形，叶片长宽比约1.8∶1，叶缘波状有浅锯齿，下部深裂，叶面平滑，蜡粉少，叶柄细窄，中肋突出，适应性强，主供加工或鲜食。主栽品种有云南的绿秆青、小苦菜等。

（3）花叶芥　植株丛生状，叶缘有深缺刻，叶片细裂，长宽比约 2.5：1，叶面微皱，叶柄细窄，绿色，抗逆性强，适应性广，主供腌渍或鲜食，如昆明的花叶苦菜，四川的鸡啄叶，上海金丝芥，湖北、江西的花叶芥等。

（4）宽叶芥　叶片椭圆形至卵形，叶柄宽大肥厚，叶片长宽比1.5：1，叶缘细齿或深裂，叶面较皱，耐寒、抗病、产量高。主要品种有云南中甸的春不老、昆明的牛肋巴苦菜、大理擗菜等。

（5）叶瘤芥　植株中等大小，半直立，叶近圆形至卵圆形，叶缘浅裂，叶面微皱，叶柄宽大肥厚，叶柄上有明显的瘤状突起，含水纤维少，品质好。主供鲜食或加工腌制。代表品种有江浙的弥陀芥、湖北的耳朵菜、重庆的南瓜儿青菜、云南昆明的包包青菜等。

（6）包心芥　植株开展，叶片宽大，叶柄及中肋宽厚，中心叶片折叠抱合成松散叶球，芥辣味淡，品质脆嫩，主供鲜食或加工，华南的广东、福建栽培较多。主要品种有鸡心雷芥菜、包心芥等。

（7）分蘖芥　植株分蘖力强，分蘖及叶数很多，株型呈丛生状，花叶品种缺裂深，板叶品种叶缘有锯齿，抗寒力强，芥辣味足，主供加工腌渍，以江浙一带栽培较多。代表品种有雪里蕻、上海三月慢青菜等。

（8）薹芥菜　又名辣菜、冲菜，主食花薹，主花薹及侧花薹发达，辛辣味足，主供鲜食、凉拌。根据花茎多少及肥大程度可分为单薹和多薹两个类型。代表品种有广东的梅菜、浙江的半黑叶天菜、昆明冲菜等。

此外在四川、重庆还有少量长柄芥、凤尾芥、百花芥等变种栽培。

2. 栽培季节与茬口安排

我国南北各地叶用芥菜栽培以秋播为主，有的地区春、夏选择不同的品种亦可栽培。

（1）秋冬茬　叶芥菜喜冷凉湿润的气候，9～11 月前后均可播种，多选前作为茄果类、瓜豆类的地块育苗。采收期从 11 月至翌年 2 月，品种可选择冬性弱的大叶芥、小叶芥和宽柄芥。

（2）夏茬　可选耐热抗病的南风芥、三月芥或印尼青菜，在

4～8月排开播种，30～60天即可收获小青菜，一般采用直播，间拔采收。

（3）春茬　一般选择冬性强不易抽薹的晚熟品种，于12月至翌年1月冷床或温床育苗，1～2月定植，3～5月采收。品种可选用春不老、四月慢青菜、芥辣菜、大理撇菜等。

选择茬口和播期总的原则是山区或冷凉区域可适当提早播，平原及温暖区适当推后，将产品器官的形成安排在最适宜的温度和季节。

3. 栽培技术

栽培技术流程为整地、施基肥、作畦、育苗移栽或直播、田间管理（间苗、中耕、除草、灌水、追肥、防病虫害）、收获。

（1）整地施肥　选择前作为非十字花科作物的地块，及时清园，翻犁晾晒，均匀施入有机肥30～40吨/公顷作基肥，然后翻耙耧平作畦，秋冬季一般雨水少，可作成稍宽大的平畦，畦宽2～3米，长不限。

（2）育苗移栽　秋冬茬一般采用育苗移栽，北方及秋季气温高也可直播。育苗可先作好苗床，撒播或条播，用种量0.75～1.2克/平方米苗床，苗床与大田面积比为（1∶15）～（1∶22.5）。直播时用种量应适当增大。苗床出苗后适当匀苗、间苗2～3次，保持株距10厘米左右，当苗高10～15厘米，有5～6片真叶时即可起苗定植。如早秋播种气温高雨水多，苗床应作成小高畦，上覆盖遮阳网等降温，出苗后视天气情况再揭去覆盖物。

早秋播的苗龄25～30天；晚秋播的则要40～50天可以定植。定植密度视品种及土壤肥力而定，一般中晚熟种行株距40厘米×30厘米；早熟直立型品种稍密，为30厘米×20厘米。

（3）田间管理　定植后要及时浇定根水，并连续浇几次缓苗水直到成活。要及时追肥灌水。期间要合理施肥，适时浇水，及时除草。一般秋播后3～4天出苗，春播的6～15天出苗。当幼苗2片真叶时，进行第1次追肥，每亩施0.3%尿素液1000千克，第2次追肥于收获前7～10天进行，以后每收获1次追肥1次。芥菜种子小，易受土壤水分影响，出苗前注意浇水保湿，浇水时间以早晚为宜。要掌握轻浇、勤浇的原则，不能一次浇透。芥菜植株矮小，通常是撒播，杂草与芥菜混生在一起除草比较困难，费工，应结合收获拔除杂草。

4. 病虫害防治

霜霉病与蚜虫是芥菜的主要病虫害，要采用综合防治，选用抗病品种，适时播种，避开蚜虫为害的高峰期，并清沟理墒，防止田间积水，及时拔除杂草，使植株通风透光，用75％百菌清600倍液或72％克露600～800倍液，喷雾防治霜霉病。

5. 采收

芥菜是分次采收，每次采收应采大留小，留植株要均匀适当。早秋播种芥菜，真叶10～13片采收，播种后30～35天采收，以后分期收获4～5次，至翌年3月下旬结束，亩总产量2500～3000千克。10月上旬播种的秋芥菜，需45～60天才能开始采收。2月下旬播种的芥菜，4月上旬采收上市。春播一般采收1～2次，亩产量达1000千克左右。

（六）绿色芥蓝标准化生产技术

芥蓝为十字花科芸薹属一、二年生草本植物。原产于我国华南地区，两广地区及福建分布广、栽培历史悠久。绿色芥蓝以花薹及薹叶供食，宜素炒或凉拌食用，花薹肉质柔软嫩脆，是我国南方地区及东南亚华侨喜欢食用的叶菜（图2-10）。

1. 品种类型及特性

（1）早熟种类型　此类型特点是耐热性强，在较高的温度下（27～28℃），花芽能迅速分化，降低温度对花芽分化没有明显的促进作用。可于4月中旬～8月上旬露地直播栽培，主要品种介绍如下。

①幼叶早芥蓝　为广州农家品种。植株的叶片卵圆形，深蓝绿色，叶面平滑，多蜡粉，基部深裂成耳状裂片。主薹中等高，花白色，花球紧密，主薹重30～50克，质地爽脆，分枝力强。从播种至初收60～65天，延续采收侧薹30天。

图 2-10　绿色芥蓝

②柳叶早芥蓝　广州引进品种。植株较直立，叶片长卵形，灰绿色，主薹较弱，生长势中等，品质细嫩而脆。从播种至初收60天左右，延续采收30～40天。

③抗热芥蓝　广州引进品种。植株生长势中等。叶片宽卵圆形，叶面平滑，深绿色，主花薹大小适中，平均单薹重30克。从播种至初收60～65天，延续采收约30天。

（2）中熟类型　在北京地区表现适应性强，耐热，产量较早熟种高，可按市场需要排开播种，适宜露地及保护地栽培，全年生产供应市场。主要品种介绍如下。

①登峰芥蓝　广州引进品种。栽培适应性广，菜薹品质好，外观整齐，主薹节间疏，皮薄肉厚且脆嫩，很受消费者欢迎，一般主花薹重50～70克，分枝力强，抽薹一致。由播种至初收65～70天，延续收获达50天。第一侧蕾品质更优于主薹。

②佛山中迟芥蓝　广州引进品种。植株较高，生长势强，分枝力强，叶片椭圆形，平滑。主薹较长而肥大，花球较大，主花薹重50～200克，质脆嫩纤维少。从播种至初收约70天，延续采收侧花薹可达70天。

③台湾中花芥蓝　株高 30～35 厘米。基叶卵圆形，有蜡粉。主薹茎粗，茎叶长卵圆形，主花薹重 80～150 克。侧花薹萌发力中等。

（3）晚熟种类型　比佛山中迟芥蓝、台湾中花芥蓝两种类型耐热性差。较低温度和延长低温时间能促进花芽分化，在较高的温度下也能使花芽分化，但需时间较长。这种类型的品种在北京春夏季栽培较多，并且这类品种的总产量比早熟种类型高。

①"客村铜壳叶"芥蓝　植株较高大粗壮，生长旺盛。叶片近圆形，质地较薄，蜡粉少。叶面稍皱，叶缘略向内弯，形如壳状。叶基部深裂成耳状裂片。主花薹重约 100 克，质脆嫩，少纤维，侧花枝萌发力强。从播种至初收 70～80 天，延续采收侧花薹 50 天。在保护地栽培表现良好，一般亩产 2500 千克。

②"三员里迟花"芥蓝　植株生长势强，茎粗壮，叶片大，近圆形，叶面平滑，少蜡粉。主花薹长，平均单薹重 150 克，质脆嫩，风味好。分枝力中等。从播种至初收约 80 天，加强水肥管理可延续收获 60 天，亩产 2500 千克左右。

2. 栽培技术

（1）周年栽培　芥蓝栽培应根据各地气候特点、栽培方式、品种熟性安排适宜的播种期，实现周年栽培。北方地区种植基本上可以周年供应。4～8 月播种可以选用香港白花芥蓝、柳叶早芥蓝等早熟品种进行露地栽培，以保证 6～10 月的供应；9 月至第 2 年 3 月播种可选中花、中迟芥等中晚熟品种进行保护地栽培，保证 11 月至第 2 年 5 月的供应。南方全年露地栽培，但以春播 3～5 月，秋播 8～10 月为主。

（2）播种育苗

①播种　可采用直播或育苗移栽，北京地区多用育苗移栽，每亩需用种 75～100 克。育苗地应选择排灌方便的砂壤土或壤土，最好前茬不是十字花科蔬菜的土地。整地时要多施腐熟的有机肥，用撒播方式进行播种。

②育苗　要经常保持育苗畦湿润，苗期施用速效肥 2～3 次，

播种量适当，注意间苗，避免幼苗过密徒长成细弱苗。苗龄 25～35 天可达到 5 片真叶。间苗时间一般在 2 片真叶出现以后进行。

优良壮苗标准。选择生长好、茎粗壮、叶面积较大的嫩壮苗，不宜用小老苗。

（3）定植

① 整地施肥　选用保肥保水的壤土，精细整地，每亩施入基肥腐熟猪粪、堆肥 3000～4000 千克，过磷酸钙 25 千克，翻入土壤混合均匀，耕耘整平，土粒打细。畦一般做平畦，但夏季栽培应做小高畦。

② 定植　露地栽培，栽苗应在下午进行，保护地栽培宜在上午进行。栽苗日期确定后，在栽前 1 天下午给苗床浇 1 次透水，以便于次日挖苗。定植当天随挖苗，随即运到定植地块，按一定的行株距进行栽苗。一般早熟种行株距为 25 厘米×20 厘米，中熟种行株距为 30 厘米×22 厘米，晚熟种行株距为 30 厘米×30 厘米。栽苗不宜深，以苗坨土面与畦面持平或稍低 1 厘米。苗栽好后，随即进行浇水，以恢复长势。

（4）田间管理

① 浇水施肥　根据当时温湿度情况及时浇缓苗水。缓苗后叶簇生长期适当控制浇水。进入菜薹形成期和采收期，要增加浇水次数，经常保持土壤湿润。基肥与追肥并重，追肥随水施，一般缓苗后 3～4 天要追施少量的氮肥或鸡粪稀，现蕾抽薹时追施适当的速效性肥料或人粪尿。主薹采收后，要促进侧薹的生长，应重施追肥 2～3 次。

② 中耕培土　芥蓝前期生长较慢，株行间易生杂草，要及时进行中耕除草。随着植株的生长，茎由细变粗，基部较细，上部较大，株型头重脚轻，要结合中耕进行培土、培肥，最好每亩施入 1000～2000 千克有机肥。

3. 病虫害防治

芥蓝的病害较少，北京地区多见黑腐病，此为细菌性病害，高温高湿易发生。成株叶片多发生于叶缘部位，呈"V"形黄褐色病斑，病斑的外缘色较淡，严重时叶缘多处受害至全株枯死。幼苗染病时其子叶和心叶变黑枯死。防治方法为选用抗病品种，避免与十字花科蔬菜连作，发现病苗及时拔除，初发现病斑即喷洒杀菌剂，如百菌清等。另外，温室栽培在温度偏低、湿度大时叶片、茎和花梗易发生霜霉病。发病初期要及时摘除病叶，立即喷药防治，常用药剂是40％疫霜灵可湿性粉剂300倍液、75％百菌清可湿性粉剂600倍液、50％敌菌灵可湿性粉剂500倍液或65％代森锌可湿性粉剂500倍液。常见虫害有菜青虫、小菜蛾和蚜虫。苗期用杀虫剂防治，可用敌百虫1000倍液。

4. 采收时间及方法

（1）采收时间　当主花薹的高度与叶片高度相同，花蕾欲开而未开时，即"齐口花"时及时采收。优质菜薹的标准是薹茎较粗嫩，节间较疏，薹叶细嫩而少。出口东南亚芥蓝的采收标准要求较严格，菜薹横径1.5厘米，长13厘米，花蕾未开放，无病虫斑。收割后修理整齐。

（2）采收方法　主菜薹采收时，在植株基部5～7叶节处稍斜切下，并顺便把切下的菜薹切口修平，码放整齐。侧菜薹的采收则在薹基部1～2叶节处切取。采收工作应于晴天上午进行。

5. 采后保鲜储藏

芥蓝较耐储运，采收后如需长途运输的应放于筐内，在1～3℃恒温、96％相对湿度室内进行预冷，约24小时后便可用泡沫塑料箱包装运输，或储存于1℃的库中。

六、茄果类绿色蔬菜标准化生产技术

（一）概述

茄果类蔬菜包括番茄、茄子、辣椒、枸杞等，其中番茄、茄子、辣椒是我国最主要的茄果类蔬菜。茄果类蔬菜由于产量高，生长及供应季节长，经济利用范围广泛，所以全国各地都普遍栽培。

茄果类蔬菜含有丰富的维生素、矿物盐、碳水化合物、有机酸及少量的蛋白质等人体必需的营养物质。番茄和辣椒中的维生素C

含量很高。茄果类蔬菜果实中的碳水化合物主要是糖，淀粉很少；果汁中的有机酸主要是柠檬酸。番茄果实中的番茄红素和辣椒果实中的辣椒素都具有良好的保健作用。

茄果类蔬菜除供鲜食外，又是加工制品的好原料。番茄可制成番茄酱、番茄汁、整形番茄罐头等。辣椒可制成辣椒酱、辣椒粉、腌制辣椒。茄子可制成茄子酱和烘制茄干。

茄果类蔬菜属喜温蔬菜，不耐霜冻，多行育苗移栽。一般是先在保护地育苗，然后再移栽到各种保护设施内或晚霜后定植于露地，但对于加工的番茄和制干的辣椒一般采用露地直播。茄果类要求强光和良好的通风条件，在栽培管理中一定注意改善和调节光照和通风条件，防止植株徒长、落花，以利增产。茄果类蔬菜根系发达，耐旱不耐湿。一般结果期需水较多，但不耐较高的土壤及空气湿度，若土壤或空气湿度过高会导致根系发育受阻、受精不良和诱发病害。茄果类分支习性相似，均为主茎生长到一定程度，顶芽分化为花芽，同时从花芽邻近的一个或数个副生长点抽生出侧枝代替主茎生长，形成"合轴分枝"或"假二叉分枝"。连续分化花芽及发生侧枝，营养生长和生殖生长同时进行，栽培上应采取措施调节营养生长和生殖生长的平衡。茄果类蔬菜生长迅速，生长量大，从营养生长向生殖生长转化的过程中，对日照不敏感，只要营养充足，就可正常生长发育；营养不足，花芽分化、发育和果实生长不良，植株早衰，易引起一些生理性病害的发生。

茄果类蔬菜在夏季蔬菜栽培中，以茄子的栽培最为普遍，尤其是晚熟茄子较为耐热，其次是辣椒，而番茄夏季栽培病害严重，故夏季一般选择较清凉地区或在设施中进行栽培。不同的季节、不同茬口，选用适当的品种，辅以设施条件，茄果类蔬菜基本达到四季生产，周年供应。

（二）绿色茄果类蔬菜茬口安排

长江流域茄果类蔬菜生产的大棚茬口主要有冬春季大棚栽培、秋延后大棚栽培及温室长季节栽培，露地茬口有春露地栽培、夏秋露地栽培、秋露地栽培等，具体参见表2-7。

表 2-7　绿色茄果类蔬菜茬口安排（长江流域）

种类	栽培方式	建议品种	播期	定植期	株行距/(厘米×厘米)	采收期	亩产量/千克	亩用种量/克
番茄	春露地	世纪红冠、宝大 903、合作 903	12月上中旬	3月下旬~4月上旬	(40~45)×(55~60)	5月下旬~7月上旬	3000	40
	夏秋露地	西优 5号、火龙、美国红王	3月中旬~4月下旬	5月中旬~6月中上旬	(25~33)×(60~66)	7~9月	2000	40
	秋露地	西优 5号、火龙、美国红王	7月中下旬	8月上旬	(40~45)×(55~60)	10月下旬~11月上旬	2000	40
	冬春季大棚	合作 903、改良 903、红峰、红宝石	11月上中旬~12月上中旬	2月上旬~3月上旬	25×30	4月中旬~7月上旬	4000	40
	秋延后大棚	西优 5号、美国红王、世纪红冠	7月中下旬	8月中下旬	30×33	10下旬~2月中旬	3000	40
辣椒	春露地	湘研 11号、19号、兴蔬 205	10月下旬~11月中旬	3月下旬~4月上旬	(35~40)×(50~60)	5月下旬~7月	2500	40~45
	夏秋露地	湘研 21号、湘抗 33、红秀八号	6月上旬	7月上旬	(35~40)×(55~60)	8月下旬~10月	3000	40~45
	秋露地	红秀八号、鼎秀红	7月上旬	8月上旬	(35~40)×(55~60)	9月下旬~11月	3000	40~45

种类	栽培方式	建议品种	播期	定植期	株行距/(厘米×厘米)	采收期	亩产量/千克	苗用种量/克
辣椒	冬春季大棚	兴蔬301、辛香2号、湘早秀	10月上旬~11月上旬	2月中旬~3月上旬	(30~35)×(55~60)	4月上旬~7月	3000	40~45
	秋延后大棚	汴椒2号、洛椒早4号、杭椒	7月中下旬	8月中下旬	33×40	11下旬~2月中旬	2000	40~45
	春露地	亚华黑帅、早红茄1号、国茄8号	11月中下旬	3月下旬~4月上旬	33×60	5月下旬~7月	3000	60
	夏秋露地	黑龙长茄、世纪茄王、紫龙7号	6月上旬	7月上旬	33×60	8月下旬~10月	2500	80
茄子	秋露地	紫龙7号、韩国将军	4月上旬~5月下旬	5月下旬~6月上旬	(40~60)×60	7~11月	3000	60
	冬春季大棚	早红茄1号、黑冠早茄、国茄8号	10月下旬~11月中旬	2月下旬~3月上旬	(30~33)×70	4月中旬~7月	3500	60
	秋延后大棚	黑龙长茄、黑秀、紫丽长茄	6月中旬	7月中旬	33×60	9下旬~11月下旬	2500	80

（三）绿色番茄标准化生产技术

1. 品种选择（图 2-11）

（1）露地早熟番茄品种　中杂 10 号、红玛瑙 140、佳粉 10 号、佳粉 15 号、双抗 1 号、京丹 2 号、L402、利生 7 号、东农 704。

（2）露地中晚熟番茄品种　苏杭 3 号、佳红、中杂 8 号、西农 72-4、中蔬 5 号、鲁番茄 6 号。

（3）保护地春提前栽培的品种　早丰、超群、美国大红、先丰、粉霞、佳粉 15。

（4）保护地秋延后番茄品种　西粉 3 号、毛粉 802、双抗 2 号、加州番茄。

（5）日光温室越冬番茄品种　秋丰、鲁粉 2 号、毛粉 802、中杂 9 号。

图 2-11　绿色番茄

2. 整地施基肥

每亩地施入腐熟的有机肥 5000 千克，同时加入过磷酸钙 50 千克，结合翻耕肥土混合，翻耕深度 25～30 厘米。绿色番茄露地栽培北方春季干旱地区采用平畦栽培，南方多雨地区采用高畦栽培，东北地区一般采用垄作。保护地栽培采用地膜高畦栽培，采用膜下暗灌、膜下滴灌。

3. 育苗技术（图 2-12）

（1）种子处理　选种后，晒种 2～3 天，搓掉种子茸毛，用 25℃温水浸种 30 分钟后利用 1000 倍的高锰酸钾或者 10 倍的磷酸三钠溶液浸种 20 分钟后，反复冲洗种子上的药液。或用 55℃的温水烫种 10 分钟。种子消毒后用 25～30℃温水浸种 8～10 小时。在 28～30℃条件下催芽，2 天后即可出齐芽。

图 2-12　绿色番茄育苗技术

（2）床土配制　田土 5 份、腐熟的马粪或厩肥 5 份、炉灰或珍珠岩 1 份，每立方米床土加入 1500 克复合肥，或磷酸二氢钾 1000 克、尿素 800 克，另外加入多菌灵或甲基托布津 150～200 克。混合均匀后过筛。

（3）播种　每亩用种量 30～50 克，播种床面积 6 平方米。在播种盘内播种，覆土厚度 1 厘米。

4. 苗期管理

（1）温度　播种后保温保湿，气温保持在 25～30℃，床土温度 20～25℃；3～5 天出齐苗后逐渐进行通风，白天温度 20～

25℃，夜间 10～12℃；分苗后白天 20～25℃，夜间 15～18℃，土温 15～20℃；2～3 天缓苗后进入成苗期，白天 20～25℃，夜间 12～14℃。

（2）分苗　播种后 25 天，幼苗展开 1～2 片真叶时，把幼苗移栽到营养钵或穴盘中。

（3）水肥管理　在小苗拱土和出齐苗时分别覆土 1 次，每次 0.3 厘米厚，小苗移栽到营养钵后不能缺水，要小水勤浇，不控水也不浇大水，保持土壤相对含水量 60%。发现幼苗颜色变淡时用 0.2% 的尿素和 0.2% 的磷酸二氢钾溶液喷施叶片。

（4）光照管理　低温季节利用反光幕、人工补光、清洗透明覆盖物、草帘早揭晚盖等措施提高光照强度；高温季节为降低温度遮阴时，只是在中午前后遮阴，也要保证光照强度大于 3 万勒克斯，光照时数 8～16 小时。

（5）倒苗　育苗后期小苗拥挤时，及时挪动营养钵加大幼苗间距离，同时，调换大小苗的位置。

（6）秧苗锻炼　低温季节育苗的，定植前 7～10 天，逐渐加大通风量降低温度。同时控制浇水。后 3 天温度白天控制在 15～20℃，夜间 5～10℃。

（7）秧苗消毒　定植前利用 75% 的百菌清可湿性粉剂 600 倍液或 75% 的代森锰锌可湿性粉剂喷施秧苗。

（8）苗龄　早熟品种 60～70 天，中晚熟品种 70～80 天。苗高 20～25 厘米、茎粗 0.5～0.6 厘米，具有 8～9 片真叶。

5. 嫁接育苗

（1）砧木选择

BF 兴津：抗番茄青枯病、枯萎病，不抗根腐病和根线虫病，要求高温。

PFN：耐青枯病、枯萎病、根线虫病，不抗根腐病，要求高温。

PFNT：耐青枯病、枯萎病、根线虫病和烟草花叶病毒，不抗根腐病，要求高温。

KVNF：抗根腐病、枯萎病和根线虫病，不抗青枯病，容易徒长。

耐病新交 1 号：抗根腐病、枯萎病和根线虫病，不抗青枯病，容易徒长。

（2）劈接法　砧木应比番茄接穗提早 5～7 天播种在营养钵内，接穗番茄播种到育苗盘内。

当幼苗 4～5 片真叶时开始嫁接，用刀片将砧木从第 2～3 片真叶之间横切断，然后在苗茎断面的中央，纵向向下劈切一长 1.5 厘米长的切口。

接穗番茄从第 2～3 片真叶之间，紧靠第 2 片真叶把苗茎横切断，然后用刀片将苗茎的下部削成双斜面楔形。斜面切口长 1.5 厘米。

接穗番茄插入到砧木的切口内，两者的形成层对齐，用嫁接夹固定。

（3）靠接法　砧木比接穗番茄提早 3～5 天播种在育苗盘内，接穗番茄也播种到育苗盘内。

当幼苗 3～4 片真叶展开时开始嫁接。连根挖出砧木苗，用刀片在砧木苗第 3～4 片真叶之间横切，然后在第 1 片真叶下，用刀片沿 40°的夹角向下斜切一刀，切口长度 1 厘米，深度达到茎粗的 2/3。

接穗番茄连根挖出，在第 1 片真叶下沿 40°夹角从下往上斜切一刀，刀口长度同砧木，深度达茎粗的 2/3。

两者的切口对齐、对正嵌合好，用嫁接夹固定。随即栽在营养钵中。

（4）嫁接苗的管理　嫁接好的幼苗摆入事先支好的小拱棚内，保持温度 25～30℃，空气相对湿度 90％，用报纸等物适当遮阴2～3 天后逐渐通风，第 3 天开始逐渐见光。7 天后进入正常管理。靠接苗 8～10 天后，选阴天或下午用刀片切断接穗番茄嫁接部位以下的茎。

6. 定植

低温季节选晴天上午栽苗；高温季节选阴天或傍晚栽苗。

露地小架早熟栽培行距 40～45 厘米，株距 23～26 厘米，每亩栽培 5000 株左右；小架中熟栽培行距 50 厘米，株距 26～33 厘米，每亩栽苗 4000 株左右；大架长生长期栽培，行距 66 厘米，株距 33 厘米，每亩栽苗 3000 株。

保护地栽培，留 2～3 穗果摘心的小架早熟栽培，行距 50 厘米，株距 27 厘米，每亩栽苗 5000 株；留 3～4 穗果摘心的小架早熟栽培，行距 50 厘米，株距 30 厘米，每亩栽苗 4400 株；不摘心的大架长生长期栽培，行距 80 厘米，株距 40 厘米，每亩栽苗 2000 株。

7. 田间管理

（1）温度管理　低温季节保护地栽培，刚定植 3～4 天内不通风，温度 30℃ 左右，超过 33℃ 通风降温；缓苗后通风降温，白天温度 20～25℃，夜间 15～17℃；进入结果期，白天 25～28℃，夜间 15～17℃。高温季节栽培主要是降温，尽量避免出现 32℃ 以上的高温。利用水帘、遮阳网、微雾等方法实施降温。但注意覆盖遮阳网要在上午 10 点之后下午 3 点以前覆盖，早晚和阴天不覆盖，以免光照不足。

（2）水分管理　定植时浇透水，勤中耕松土。5～7 天后浇 1 次缓苗水，以后连续中耕松土 2～3 次，根据品种、苗龄、土质、土壤墒情、幼苗生长情况适当蹲苗。自封顶的早熟品种、大龄苗、老化苗、土壤干旱、砂质土壤的，蹲苗期要短，当第一穗果豌豆大小时结束蹲苗；反之则要长一些，当第一穗果乒乓球大小时结束蹲苗。

进入结果期，要保持土壤润湿状态，土壤含水量达到 80%，低温季节 6～7 天浇 1 次水，高温季节 3～4 天浇 1 次水。灌水要均匀，避免忽干忽湿。保护地栽培要在晴天上午浇水，浇水后要加大通风量。空气相对湿度控制在 45%～65%。

（3）光照管理　光照强度 3 万～3.5 万勒克斯以上，低温寡日照时保护地栽培，要采取加反光幕、草帘早揭晚盖、擦洗透明覆盖物、人工补光等措施增强光照。高温季节为防止高温进行遮阴时，也要保证光照的充足，一般只是中午遮阴，早晚和阴天不覆盖。

（4）施肥　小架栽培每株留 2～3 穗果，可在每穗果乒乓球大小时追肥 1 次。高架栽培，留果穗数多的，可在第 1、第 3、第 5、第 7 穗果乒乓球大小时分别追肥 1 次。结合浇水每次每亩地施腐熟粪肥 1000 千克，或腐熟饼肥 50 千克，或草木灰 100 千克，或硫酸钾 25 千克，或钙镁磷肥 25 千克，上述肥料交替使用。用 0.2％磷酸二氢钾和 0.3％的尿素溶液，3％～5％的氯化钙溶液 10～15 天喷施叶片 1 次。保护地栽培的进行二氧化碳气体施肥，浓度为 800～1200 毫升/立方米。

（5）植株调整

① 支架　小架栽培架高 1 米，搭人字架；大架栽培架高 1.5～1.7 米，搭成花架或人字高架，保护地栽培可用尼龙绳吊蔓。

② 整枝　多采用单干整枝，秧苗不足时也可用双干整枝；长生长期栽培时可用连续换头的整枝方式，即留 2 穗果摘心，利用下部的侧枝代替主枝生长，反复进行多次。

③ 打杈　侧枝生长 6～8 厘米时，选晴天通风时掰去侧枝，尽量避免接触主干。生长势弱的可在开花后打杈；生长势旺盛的要及时打杈。

④ 摘心　根据留果穗数，穗数达到后，最后一穗果上留 2 片叶后摘心。

⑤ 打老叶　果实开始转色时，把下层衰老的叶片除去，支架内膛叶片、受光差或见不到光的叶片、变黄的叶片和病叶要及时打去。打老叶要在晴天上午进行。

⑥ 绑蔓　植株 30 厘米以上，开始开花时在第一穗花下绑蔓，茎和架之间绑成"8"字形。每穗果开花时在其下绑一道。采用吊绳的利用吊绳缠绕蔓茎即可。

⑦ 保花保果　防止出现白天高于 35℃，夜间高于 22℃和低于

15℃的温度；空气相对湿度控制在 45%～75% 之间。增加光照，调整生长平衡等。

使用手持式振荡器在晴天的下午对已开花朵进行振荡，避免使用激素处理花朵。

8. 收获

长途运输可在绿熟期（果实绿色变淡）采收；短途运输可在转色期（果实 1/4 部位着色）采收；就地供应或近距离运输可在成熟期（除果实肩部外全部着色）采收。

9. 病害防治

（1）床土处理　参见五中"（二）绿色芹菜标准化生产技术"中"8. 病虫害防治"相关内容。

（2）种子处理　用种子重量 0.2% 的 40% 拌种双拌种；或用 53℃ 温水浸种 30 分钟，浸种后催芽或晾干播种。或用 0.1% 硫酸铜浸种 5 分钟，洗净后催芽；或 70℃ 干热灭菌 72 小时。防治病毒病于播种前用清水浸种 3～4 小时，再放入 10% 的磷酸三钠溶液中浸 30～40 分钟，捞出后用清水洗净催芽，或用 0.1% 的高锰酸钾浸种 30 分钟。

（3）棚室消除　保护地于发病初期用硫黄粉熏蒸大棚或温室，每 55 立方米，用硫黄 0.13 千克，锯末 0.25 千克，混合后点燃，于定植前把棚密闭，熏 1 天。

（4）植株施药

① 番茄猝倒病　出苗后发病时，可喷 58% 的雷多米尔-锰锌可湿性粉剂 500 倍液，或 75% 的百菌清可湿性粉剂 600 倍液，15% 恶霉灵（土菌消）水剂 450 倍。

② 番茄立枯病　发病初期喷 64% 的杀毒矾 500 倍液，或 36% 的甲基硫菌灵悬浮剂 500 倍液。猝倒病和立枯病混合发生时，可用 72.2% 普力克水剂 800 倍液加 75% 敌克松可湿性粉剂 800 倍液喷淋，每平方米 2～3 升。

③ 番茄早疫病

喷粉法：采用粉尘法于发病初期喷撒 5% 百菌清粉尘剂，每亩每次 1 千克，隔 9 天 1 次，轮换用药防治 3～4 次。

熏蒸法：施用 45％百菌清烟剂或 10％速克灵烟剂，每亩每次 200～250 克。

喷雾法：发病前开始喷洒 50％扑海因可湿性粉剂 1000～1500 倍液或 75％百菌清可湿性粉剂 600 倍液、58％甲霜灵-锰锌可湿性粉剂 500 倍液、64％杀毒矾可湿性粉剂 500 倍液、70％甲基硫菌灵可湿性粉剂 800 倍液。防治宜早不宜迟，要在发病前后开始用药，以压低前期菌源，有效控制发病。

涂抹法：番茄茎部发病时，可用 50％扑海因可湿性粉剂配成 180～200 倍液，涂抹病部，必要时还可配成油剂，效果更好。

④ 番茄晚疫病

熏蒸法：每亩施用 45％百菌清烟剂 200～250 克，预防或熏治。

粉尘法：每亩每次喷洒 5％百菌清粉尘剂 1 千克。

喷雾法：在发病初期喷洒 72.2％普力克水剂 800 倍液，或 40％甲霜铜可湿性粉剂 700～800 倍液、64％杀毒矾可湿性粉剂 500 倍液、70％乙磷·锰锌可湿性粉剂 500 倍液，每亩用兑好的药液 50～60 升。

⑤ 番茄灰霉病

熏蒸法：温室番茄发病初期，施放特克多烟剂，每 100 立方米用量 50 克；或用 10％速克灵烟剂、45％百菌清烟剂，每亩每次 250 克熏一夜，隔 7～8 天 1 次。视病情与其他杀菌剂轮换交替使用。

喷雾法：定植前用 50％速克灵可湿性粉剂 1500 倍液或 50％多菌灵可湿性粉剂 500 倍液喷淋番茄苗，要求无病苗进棚；第一穗果开花时，用 0.1％的 50％速克灵可湿性粉剂或 50％扑海因可湿性粉剂、50％多菌灵可湿性粉剂，进行蘸花或涂抹，使花器着药；在浇催果水前 1 天用药，以后视天气情况而定。

生物防治：可用 2％武夷菌素水剂 150 倍液喷施。

⑥ 番茄叶霉病

熏蒸或喷粉法：发病初期用 45％百菌清烟剂每亩每次 250～300 克熏一夜，或于傍晚喷撒 7％叶霉净粉剂、或 5％百菌清粉尘剂或 10％敌托粉尘剂，每亩每次 1 千克，隔 8～10 天 1 次，连续或交替轮换使用。

喷雾法：可在发病初期喷洒 50％多·硫悬浮剂 700～800 倍液、50％硫黄悬浮剂 300 倍液、70％甲基硫菌灵可湿性粉剂 800～1000 倍液、60％防霉宝超微粉剂 600 倍液，每亩喷兑好的药液 50～65 升，隔 7～10 天喷 1 次。

生物防治：可用 2％武夷菌素水剂 100～150 倍液喷雾。

⑦ 番茄菌核病

烟雾法或粉尘法：棚室于发病初期，每亩用 10％速克灵烟剂 250～300 克熏一夜，也可于傍晚喷撒 5％百菌清粉尘剂或 10％灭克粉尘剂，每亩每次 1 千克，隔 7～10 天 1 次。

喷雾法：于发病初期喷洒 40％菌核净可湿性粉剂 500 倍液或农利灵可湿性粉剂 1000～1500 倍液、50％速克灵可湿性粉剂 1500～2000 倍液、50％扑海因可湿性粉剂 1500 倍液。50％多菌灵可湿性粉剂 500 倍液或 70％甲基硫菌灵 800 倍液，每亩喷药 60～70 升。

⑧ 番茄白绢病　可用 50％多菌灵 1 千克加细干土 40 千克混匀后撒施于茎基部土壤上，或喷洒 50％多菌灵 500 倍液，或 40％多硫合剂或 70％甲基硫菌灵悬浮剂 800 倍液、20％三唑酮乳油 2000 倍液，隔 7～10 天 1 次，此外，也可用 75％敌克松 500 倍液于发病初期灌穴或淋施 1～2 次。

⑨ 番茄枯萎病　发病初期喷洒 50％多菌灵可湿性粉剂或 70％甲基硫菌灵悬浮液 800 倍液，此外，可用 10％双效灵水剂或 12.5％增效多菌灵浓可溶剂 200 倍液灌根，每株灌药液 250 毫升，隔 7～10 天 1 次，连续灌 2～4 次。

⑩ 番茄灰斑病　发病初期喷洒 75％百菌清可湿性粉剂 500 倍液、70％大生可湿性粉剂 500 倍液、50％多菌灵可湿性粉剂 500～600 倍液、70％甲基硫菌灵悬浮剂 700 倍液、1∶1∶200 波尔多液

等，隔 7～10 天 1 次，轮换用药 2～3 次。

⑪ 番茄斑枯病　发病初期喷洒 64％杀毒矾可湿性粉剂 400～500 倍液，或 58％甲霜灵·锰锌可湿性粉剂 500 倍液、75％百菌清可湿性粉剂 600 倍液、50％甲基硫菌灵或 40％多·硫悬浮剂 500 倍液、或 27％高脂膜乳唑 80～100 倍液，隔 10 天左右喷 1 次。

⑫ 番茄溃疡病

喷雾法：全田喷洒 14％络氨铜水唑 300 倍液，或 77％可杀得可湿性微粒粉剂 500 倍液、1：1：200 波尔多液、50％琥胶肥酸铜可湿性粉剂 500 倍液、60％琥·乙磷铝可湿性粉剂 500 倍液。

生物防治：可用硫酸链霉素及 72％农用硫酸链霉素可溶性粉剂 4000 倍液。

⑬ 番茄青枯病

喷雾法：在发病初期可用 25％络氨铜水唑 500 倍液，或 77％可杀得可湿性微粒粉剂 400～500 倍液、50％琥胶肥酸铜可湿性粉剂 400 倍液灌根，每株灌 0.3～0.5 升，隔 10 天 1 次，连续灌 2～3 次。

生物防治：可用南京农业大学试验的青枯病拮抗菌 MA-7、NOE-104 于定植时大苗浸根；也可在发病初期用硫酸链霉素及 72％农用硫酸链霉素可溶性粉剂 4000 倍液，或农抗"401"500 倍液。

⑭ 番茄疮痂病

药物防治：发病初期开始喷洒 50％琥胶肥酸铜可湿性粉剂 400～500 倍液，或 77％可杀得可湿性微粒粉剂 400～500 倍液、25％络氨铜水唑 500 倍液。

生物防治：可用硫酸链霉素或新植霉素 4000～5000 倍液，隔 7～10 天喷 1 次，防治 1～2 次。

⑮ 番茄病毒病　发病初期喷洒 1.5％植病灵乳唑 1000 倍液，或用 20％病毒 A 可湿性粉剂 500 倍液，或抗毒剂 1 号 200～300 倍液，或高锰酸钾 1000 倍液，增产灵 50～100 毫升/升及 1％过磷酸

钙、1%硝酸钾做根外追肥，均可提高耐病性。

防治蚜虫：尤其是高温干旱年份要注意及时喷药治蚜，预防烟草花叶病毒（TMV）侵染，可选用 20% 菊·马乳油 2000 倍、50% 抗蚜威可湿性粉剂 3000～3500 倍液。

免疫接种：可用弱病毒疫苗 N14 和卫星病毒 S52 处理幼苗，提高植株免疫力，兼防烟草花叶病毒和黄瓜花叶病毒。

⑯ 番茄根结线虫病　在播种或定植时，穴施 10% 力满库颗粒剂每亩 5 千克，或 10% 克线丹颗粒剂每亩 4 千克，98% 必速微粒剂每亩 2 千克。

上述每种有机合成的药剂在蔬菜一个生育期内只能使用 1 次，并要严格遵守安全用药规定，必须在各药剂安全间隔期采收。

10. 害虫防治

（1）诱杀　利用频振式高压汞灯来诱杀。

（2）人工防治　棉铃虫 95% 的卵产于番茄的顶尖至第四层复叶之间，结合整枝，及时打顶和打杈，可有效地减少卵量，同时及时摘除虫果，以压低虫口。

（3）生物防治

防治棉铃虫：在二代棉铃虫卵高峰后 3～4 天和 6～8 天，喷洒 Bt 乳剂、HD-1 等苏云金芽孢杆菌杀虫剂或棉铃虫核型多角体病毒，可使幼虫大量染病死亡。

防桃蚜虫：在蚜虫发生时，收集、保护并人工助迁七星瓢虫、异色瓢虫、龟纹瓢虫、十八星瓢虫等。

（4）物理防治　利用桃蚜对银灰薄膜的负趋光性来防治蚜虫。

防治棉铃虫、烟青虫：选用 21% 灭杀毙 4000 倍液、2.5% 功夫乳油 4000 倍液、2.5% 天王星乳油 1500 倍液、25% 增效喹硫磷乳油 1000 倍液等。

防治朱砂叶螨：在发生初期，采用 20% 灭扫利乳油 2000 倍液、20% 速螨酮可湿性粉剂 2000 倍液、20% 螨克乳油 2000 倍液或 40% 水胺硫磷乳油 2500 倍液，20% 双甲脒乳油 1000～1500 倍液等药剂。

防治桃蚜：选用50％抗蚜威可湿性粉剂2000～3000倍液具有特效。还可选用21％灭杀毙6000倍液、40％氰戊菊酯4000倍液、2.5％溴氰菊酯3000倍液、20％菊·马乳油2000倍液、10％敌畏·氯氰乳油4000倍液、25％乐·氰乳油1500倍液、4.5％高效顺反氯氰菊酯乳油3000倍液、40％乐果1000～2500倍液等防治。

　　上述每种有机合成的药剂在蔬菜的一个生长周期内只能使用1次，并要严格遵守安全用药规定，必须在各药剂安全间隔期采收。

（四）绿色茄子标准化生产技术（图2-13）

图2-13　绿色茄子

1. 品种选择

（1）露地茄子品种选择

　　① 早熟品种　适合春季早熟栽培。品种有早小长茄、辽茄1号、黑美长茄、龙茄1号。

② 晚熟品种　适合夏季恋秋栽培。紫长茄、高唐紫圆茄、北京大海茄、济丰 3 号、北京灯泡茄、安阳紫圆茄。

（2）保护地茄子品种选择

① 早熟品种　适合早春大小棚栽培。品种有鲁茄 1 号、辽茄 2 号、辽茄 3 号、沈茄 1 号、线茄、94-1 早长茄。

② 中熟品种　适合日光温室越冬栽培和大棚早春茬栽培。品种有青选长茄、齐茄 1 号、齐茄 2 号、吉茄 1 号、绿茄、成都墨茄、济杂长茄、湘杂 5 号。

③ 晚熟品种　适合温室大棚秋冬茬和越冬栽培。露地的晚熟品种均适合。

2. 整地施基肥

选择土层深厚、富含有机质、保水保肥、排水良好的土壤，要同非茄科蔬菜实行五年以上的轮作。

茄子应在定植前施用有机肥，每亩施用有机肥 5000～7500 千克，保护地栽培期长的茄子每亩施用有机肥 1 万～1.5 万千克、饼肥 150 千克、磷酸二铵 50 千克。

3. 育苗技术

（1）种子处理

① 选种晒种　将种子于室外强光下曝晒 8 小时。选种时把种子放入 1% 的食盐水中充分搅拌，捞出下沉饱满的种子洗净。

② 种子消毒及浸种　300 倍福尔马林溶液浸泡 10～15 分钟，用水反复清洗。消毒后的种子放入 20～30℃ 水中浸种 10～12 小时。

③ 催芽　在 25～30℃ 下催芽，5～6 天出苗，最好每天 16 小时 30℃，8 小时 20℃ 的变温催芽。

（2）床土配制　大田土或葱蒜茬土 4 份、腐熟的马粪或厩肥 4 份、炉灰或珍珠岩 1 份。每立方米床土中加入腐熟大粪干或鸡粪干 20～25 千克、草木灰 5～10 千克，尿素 1 千克、过磷酸钙 1 千克，混合过筛。

（3）播种　每亩用种量 35～50 克，播种面积 2.5 平方米。种子播入育苗盘内，覆土厚度 1 厘米，覆盖塑料薄膜保温保湿。低温季节在晴天中午进行。

（4）苗期管理

① 温度　播种后白天 25～30℃，夜间 20～22℃，苗床地温 16～20℃。

② 覆土　幼苗出齐时在晴天中午向苗床覆土 1 次，3～5 天后再覆土 1 次，每次厚度为 0.3 厘米。床土干燥覆湿土，床土湿度大时覆盖干土。

③ 分苗　在 2～3 叶期，幼苗移栽到营养钵或 72 孔穴盘内。

④ 水肥管理　分苗前保持床土见干见湿，表土见干时用喷壶喷水，避免床土积水；分苗时浇足水，成苗期保持土壤湿润。发现幼苗黄弱缺肥时，用 0.2％的尿素和 0.2％磷酸二氢钾溶液交替喷施。

⑤ 倒苗　育苗后期营养钵育苗的，秧苗植株间叶片相接触时，移动秧苗位置加大苗距，并调整大小苗的位置。

⑥ 秧苗锻炼　定植前 7～10 天逐渐增加通风量，降低苗床内的温度。

⑦ 秧苗消毒　定植前 2～3 天，用 600 倍液的 75％百菌清可湿性粉剂和 40％乐果乳剂 1200～1500 倍液喷施。

（5）嫁接育苗

① 砧木选择

赤茄：抗枯萎病、中抗黄萎病。

刺茄：高抗黄萎病。

托鲁巴姆：高抗或免疫黄萎病、枯萎病、青枯病、根线虫病。

茄砧 2 号：高抗或免疫黄萎病、枯萎病、青枯病、根线虫病。

② 嫁接方法　嫁接应在温室、大棚内进行，嫁接时室内温度

要保持在 20～25℃，湿度在 80% 以上，遮阳（光照强度 0.5 万勒克斯）条件下进行。

a. 劈接法　砧木比接穗提早 7～10 天播种在营养钵内，接穗播种到育苗盘内。当接穗长到 5～7 片真叶、半木质化，茎粗 3～4 毫米时为嫁接适期。

把砧木苗茎从距离根部 3.3 厘米处水平切断，保留一片健壮的真叶，然后用刀片在苗茎断面的中央向下劈切一口，深度 1 厘米多一点。接穗苗从上数第三片叶处削成楔形，切面长 1 厘米。接穗的楔形切口插入砧木的切口内，要求一面对齐。

b. 插接法　砧木嫁接前处理同劈接法，嫁接时将刀片劈切改为在茎中央向下插孔。接穗苗从子叶处削成楔形，切口长度同砧木插孔的深度相同。把接穗插入砧木插孔中即可。

4. 定植

露地早熟栽培，行距 45～55 厘米，株距 33～40 厘米，每亩种 3500～4000 株，中晚熟栽培每亩种 2500～3000 株。

5. 田间管理

（1）温度管理　苗期白天 25～30℃，夜间温度不要低于 12℃。开花结果期进行变温管理，上午 25～30℃，下午 28～20℃，上半夜 20～13℃，下半夜 13～10℃。土壤温度 15～20℃。

（2）水分管理　定植水浇足后，要控制浇水实行蹲苗。长到 2～3 厘米时，蹲苗结束。低温季节 10～15 天浇 1 次水，高温季节 5～6 天浇 1 次水，空气相对湿度 80%。

（3）光照管理　茄子的光饱和点 4 万勒克斯，补偿点 2000 勒克斯。

（4）施肥　每亩施入磷酸二铵 20 千克，硫酸钾 8～12 千克，或腐熟有机肥 1000～1500 千克。

（5）植株调整　把"门茄"以下的侧枝除去，后期除去植株底部的老叶、黄叶和病叶。

6. 采收获

早熟品种开花后 20～25 天就可以采收。

7. 病害防治

（1）种子消毒　播种前，种子用 55℃ 温水浸 15 分钟，再放入冷水中冷却，晾干后播种；用 10％ 磷酸三钠浸种 20～30 分钟防治病毒病。

（2）床土消毒　每立方米用 50％ 多菌灵可湿性粉剂 10 克拌细土 2 千克制成药土，取 1/3 撒在畦面上，然后播种，之后将其余药土覆盖在种子上面。

（3）土壤消毒　每亩用 50％ 多菌灵可湿性粉剂 4～5 千克，兑干土适量充分混匀撒于畦面，然后耙入土中。

（4）植株施药

① 茄子黄萎病　发病初期浇灌 50％ 敌克松、50％ 多菌灵可湿性粉剂 500 倍液，50％ 治萎灵可湿性粉剂 1000 倍液，50％ 琥胶肥酸铜 350 倍液，每株灌兑好的药 0.5 升。

② 茄子病毒病　喷洒 20％ 病毒 A、1.5％ 植病灵可湿性粉剂 500 倍液，83 增抗剂 100 倍液，抗毒剂 1 号水剂 300 倍液，隔 10 天左右 1 次，轮换用药防治 2～3 次。

③ 茄子软腐病　喷洒 72％ 农用硫酸链霉素可溶性粉剂 4000 倍液、50％ 琥胶肥酸铜可湿性粉剂 500 倍液、77％ 可杀得可湿性粉剂 500 倍液、47％ 加瑞农可湿性微粒粉剂 800～1000 倍液、30％ 绿得保悬浮剂 400 倍液。

8. 害虫防治

（1）人工防治　在茄子收获后，要清洁菜园，及时处理残株败叶，以减少虫源。还可人工捕捉成虫和虫卵。

（2）植株施药

① 茶黄螨　选用 20％ 氯·马乳油 2000～3000 倍液、20％ 速螨酮可湿性粉剂 2000 倍液、5％ 尼索朗乳油 2000 倍液、20％ 螨克乳油 2000 倍液、2.5％ 天王星乳油 3000 倍液、25％ 增效喹硫磷乳油 800～1000 倍液等，均有效。

② 茄黄斑螟 在幼虫发生时，可采用化学药剂防治，如 20％
灭杀菊酯 2000 倍液，21％灭杀毙 3000 倍液等。

（五）绿色辣椒标准化生产技术（图 2-14）

图 2-14 绿色辣椒

1. 品种选择

（1）露地栽培绿色辣椒品种选择

① 灯笼椒早熟品种 农乐、农大 8 号、中椒 5 号、甜杂 1 号、
津椒 2 号、辽椒 3 号、吉椒 1 号、吉椒 2 号。

② 灯笼椒中、晚品种 农大 40、农发、中椒 4 号、茄门甜椒。

③ 长角椒中早熟品种 中椒 6 号、津椒 3 号、湘研 2 号。

④ 长角椒中晚熟品种 苏椒 2 号、苏椒 3 号、中椒 6 号、吉
椒 3 号、农大 21 号、农大 22 号、农大 23 号、湘研 3 号。

（2）保护地栽培辣椒品种选择

① 灯笼椒 中椒 5 号、甜杂 3 号、苏椒 4 号。

② 长角椒 苏椒 6 号、津椒 3 号、中椒 10 号。

③ 彩色甜椒 黄欧宝、紫贵人、菊西亚、白公主。

2. 整地施基肥

选择地势高燥、中等以上肥力的壤土或砂壤土，结合翻耕，每亩施用有机肥 5000～6000 千克，过磷酸钙 20～25 千克。

3. 育苗技术

（1）种子处理　30℃温水浸泡 30 分钟后，用 55℃温水浸种 15 分钟，或用 10%磷酸三钠溶液浸种 20～30 分钟，洗净种子上的药液，然后用 25℃水浸种 7～8 小时。在 25～30℃条件下催芽。

（2）床土配制　同"（三）绿色番茄标准化生产技术"中"3. 育苗技术"相关内容。

（3）播种　在育苗盘内播种。每亩需要种子 170～200 克，播种面积 4～5 平方米。覆土厚度 1 厘米。

（4）苗期管理

① 覆土　在幼芽拱土和出齐苗时分别覆土 1 次，每次厚度 0.5 厘米。

② 分苗　第 2 片真叶展开时，把幼苗从育苗盘移栽到营养钵或 72 孔穴盘内。灯笼椒 2 株栽在一起，长角椒 3 株栽在一起。

③ 温度　播种后保持床土温度 20～25℃，出苗后白天 20～25℃，夜间 15～18℃。

④ 水肥管理　播种时浇透水，分苗时浇足水，成苗期不能缺水，保持土壤润湿状态，15 天左右用 0.2%尿素和 0.2%的磷酸二氢钾溶液喷施幼苗。

⑤ 秧苗锻炼　定植前 7～10 天逐渐降低苗床温度，加强通风。最后 3～4 天白天 20℃，夜间 10～12℃。

⑥ 幼苗消毒　同"（三）绿色番茄标准化生产技术"中"4. 苗期管理"相关内容。

⑦ 苗龄　露地栽培 80～90 天；保护地早熟栽培 80～100 天；中晚熟品种 120 天。

（5）嫁接幼苗　砧木为 LS279、PER-564。

① 插接法　砧木比接穗早播 35 天，大约 55 天后具有 8 片真叶，茎粗 0.3 厘米。砧木保留 2 片真叶进行断茎，在断面上用同接

穗等粗的竹签斜方向插入砧木，接穗从子叶下削成楔形，立即插入砧木。

② 靠接　砧木和接穗同时播种。嫁接时砧木去掉顶梢的生长点，刀口从娇嫩的节间处下刀。

4. 定植

塑料大棚每亩栽培 3500～4000 穴，每穴双株，行距 50 厘米，穴距 30 厘米；日光温室栽培采用大小行栽培，大行距 65～70 厘米，小行距 45～50 厘米，穴距 25～30 厘米，每穴双株。

5. 田间管理

（1）温度管理　苗期，白天 25～32℃，夜间 16～17℃；开花结果期，白天 25～27℃，夜间 16～18℃。

（2）水分管理　定植时浇足水，以后视湿度情况一般低温季节 12～15 天浇 1 次水，高温季节 5～7 天浇 1 次水。

（3）光照管理　辣椒的光饱和点 3 万勒克斯，补偿点 1500 勒克斯，所以冬季要加强光照，夏季要遮阴。

（4）施肥　每亩施入磷酸二铵 20 千克，硫酸钾 20 千克，过磷酸钙 50 千克，或腐熟有机肥 2000～2500 千克。

（5）植株调整　在整个生长期要注意整枝、支架、除老叶。

6. 收获

开花后 25～30 天即可采收。

7. 病害防治

（1）床土消毒　参见五中"（二）绿色芹菜标准化生产技术"中"8. 病虫害防治"相关内容。

（2）种子消毒　可用 1% 的硫酸铜浸种 5 分钟，捞出后拌少量草木灰；也可用 72.2% 普力克水剂或 58% 甲霜灵·锰锌 600～800 倍液浸种 12 小时，洗净后催芽。

（3）土壤消毒　用 50% 多菌灵或 75% 敌克松可湿性粉剂，每平方米 10 克，拌细土 1 千克，撒在土表，耙入土中，然后播种。

（4）植株施药

① 辣椒病毒病　可用 20% 病毒 A 可湿性粉剂 500 倍液、

1.5％植病灵乳剂 1000 倍液，隔 10 天喷 1 次。

②辣椒软腐病　可用 50％琥胶肥酸铜可湿性粉剂 500 倍液、77％可杀得可湿性微粒粉剂 500 倍液、14％络氨铜水剂 300 倍液。

③辣椒猝倒病和立枯病　参见"（三）绿色番茄标准化生产技术"中"9. 病害防治"中的同种病防治。

8. 害虫防治

各种害虫防治方法参见番茄害虫防治。

七、根菜类绿色蔬菜标准化生产技术

根菜类蔬菜是指以肥大的肉质直根为产品器官的一类蔬菜，它包括萝卜、胡萝卜、大头菜、芜菁、芜菁甘蓝、甜菜以及稀有的美洲防风、牛蒡、辣根等。这类蔬菜产量高、易于栽培、耐存储运输，可以生食、熟食，还可加工腌渍。我国栽培最广泛的为萝卜和胡萝卜，其次为大头菜、芜菁甘蓝、甘蓝、牛蒡等。

根菜类蔬菜在生物学特性以及栽培技术上有以下共性。

①根菜类蔬菜原产温带，多为耐寒性或半耐寒性的二年生蔬菜，喜温凉湿润的气候环境条件。低温通过春化阶段，长日照通过光照阶段。一般秋季形成肉质根，翌年春夏季节抽薹开花结实。

②肉质根适宜在温和的季节膨大。在气温由高变低的生长季节较易获得高产优质的产品。

③根菜类蔬菜以肥大的肉质根为产品器官，适于在土层深厚、肥沃疏松、排水良好的沙质壤土中栽培。

④根菜类蔬菜皆用种子直播（辣根除外），一般不能移植，否则根系损伤后易出现岔根等畸形产品。

⑤根菜类蔬菜有相同的病虫害，应避免同科连作。

（一）绿色萝卜标准化生产技术

萝卜又名莱菔，属十字花科两年生草本植物。我国栽培萝卜历史悠久，种植广泛。由于绿色萝卜能长期储藏以及供应冬春市场，其在蔬菜周年均衡供应中占有重要位置（图 2-15）。近年来萝卜冬

图 2-15　绿色萝卜

春保护地栽培面积也逐渐增加。

　　绿色萝卜营养丰富，含有碳水化合物，维生素 C，钙、磷、铁等无机盐，另外还含有淀粉酶和芥子油，可以帮助消化，开胃消食，有增进食欲的功能。萝卜种子称为"莱菔籽"，是常用的中药。肉质根可以生食，也可熟食或加工腌渍，是深受广大消费者喜爱的一种大众蔬菜。随着人民生活水平的提高，人们对萝卜的消费发生了很大变化，即由数量型向质量型转化，要求优质、中小型和周年供应。

1. 产地要求

　　绿色萝卜标准化生产产地的环境质量应符合 NY/T 391 的规定。

2. 生产管理措施

　　避免与十字花科蔬菜连作，豆类不宜做前茬，前茬最好是瓜类蔬菜。地势平坦、排灌方便、土层深厚、土质疏松、富含有机质、保水保肥性好的沙质土壤为宜。

3. 品种选择

春季选择生长期短、适应性强、不易抽薹的品种；夏季选耐热、抗病、高产的早熟品种；秋季品种需耐储运；冬季选择晚熟品种。提倡种子消毒。

4. 整地

早耕多翻，打碎耙平，施足基肥。耕地的深度依据品种而定。

5. 作畦

大型品种多起垄栽培，垄高 20～30 厘米，垄间距 50～60 厘米，垄上种两行或两穴；中型品种，垄高 15～20 厘米，垄间距 35～40 厘米；小型品种多采用平畦栽培。

6. 播种

冬萝卜 7 月下旬～9 月上旬播种，春萝卜 10 月下旬～11 月播种，夏秋萝卜 7 月中下旬～8 月播种，四季萝卜春夏季可进行排开播种。以直播为主。

大型品种每亩用种量为 0.5 千克，中型品种每亩用种量为 0.75～1.0 千克，小型品种每亩用种量为 1.5～2.0 千克。大型品种多采用穴播，中型品种多采用条播方式，小型品种可用条播或撒播方式。播种时有先浇水播种、后盖土和先播种盖土、后浇水两种方式。平畦撒播多采用前者，适合寒冷季节；高垄条播或穴播多采用后者，适合高温季节。大型品种行距株距 20～30 厘米，中型品种行距株距 15～20 厘米，小型品种行株距可保持 8～10 厘米。

7. 田间管理

早间苗、晚定苗，萝卜不宜移栽，也无法补苗。第 1 次间苗在子叶充分展开时进行，当萝卜具两三片真叶时，开始第 2 次间苗；当具五六片真叶时，肉质根破肚时，按规定的株距进行定苗。结合间苗进行中耕除草。中耕时先浅后深，避免伤根。第 1、第 2 次间苗要浅耕，锄松表土，最后一次深耕，并把畦沟的土壤培于畦面，以防止倒苗。

浇水应根据作物的生育期、降雨、温度、土质、地下水位、空气和土壤湿度状况而定。发芽期：播种后要充分灌水，土壤有效含水量宜在80%以上，北方干旱年份，夏秋萝卜采取"三水齐苗"，即播后一水，拱土一水，齐苗一水，以防止高温发生病虫害。幼苗期：苗期根浅，需水量小。土壤有效含水量宜在60%以上，遵循"少浇勤浇"的原则。叶生长盛期：此期叶数不断增加，叶面积逐渐增大，肉质根也开始膨大，需水量大，但要适宜灌溉。肉质根膨大盛期：此期需水量最大，应充分均匀浇水，土壤有效含水量宜为70%～80%。

施肥按 NY/T 496 执行。不使用工业废弃物、城市垃圾和污泥。不使用未经发酵腐熟、未达到无害化指标、重金属超标的人畜粪尿等有机肥料。结合整地施入基肥，基肥量应占总肥量的70%以上。根据土壤肥力和植株生长状况确定追肥时间，一般在苗期、叶生长期和肉质根生长盛期分两次进行。苗期、叶生长盛期以追施氮肥为主，施入氮磷钾复混肥15千克；肉质根生长盛期应多施磷钾肥，施入氮磷钾复混肥30千克。收获前20天以内不应使用速效氮肥。

8. 病虫害防治

（1）霜霉病　该病为真菌病害，病菌随病株残体在土壤中越冬，也可在母株上越冬。第2年凭借风、雨传播侵染。在多雨、多露、日照不足时流行严重。此外，连作重茬、地势低洼、通风不良、密度过大、营养不良、生长衰弱时发病严重。对该病害进行防治，可通过种子消毒，选用抗病品种，或者在发现中心病株后，用75%百菌清可湿性粉剂500倍液，或58%甲霜灵·锰锌可湿性粉剂500倍液，或72.2%普力克水剂600～800倍液，或安克锰锌可湿性粉剂500～600倍液喷雾，交替轮换使用。每隔7～10天喷1次，连续喷2～3次。

（2）病毒病　该病由多种病毒侵染引起，病毒可在种子、田间多年生杂草、病株残体或保护地内越冬，第2年通过蚜虫接触等传播。高温、干旱有利于蚜虫的发生，也有利于病毒害的发生流行。在重茬、邻作有发病作物、肥水不足、生长不良等情况下发病严重，萝卜在6～7叶以前的幼苗期易染病，莲座期以后染病减少。一般情况下防治此病，可选用抗病品种，一般青皮品种比白皮品种抗病，多数杂交品种较抗病；及时防治蚜虫，避免蚜虫传播病害；或者发病初期用20％病毒A可湿性粉剂500倍液，或5％菌毒清可湿性粉剂400倍液，或5％植病灵水剂300倍液，或20％毒克星可湿性粉剂500倍液喷雾，每隔7～10天喷1次，连续喷2～3次。

（3）软腐病　该病为细菌性病害，由细菌侵染致病，病菌在病株残体、堆肥中越冬，第2年通过雨水、灌溉水、肥料传播。病菌主要通过机械伤口、昆虫咬伤等侵入。在植株其他病害严重、生长衰弱、愈伤能力弱时发生严重。在多雨、高温、光照不良等气候因素下，病害易流行。此外，连作栽培、管理粗放、伤口多时发生严重。多在肉质根膨大期开始发病，发病初，植株外叶萎蔫，早晚还可恢复。严重时，叶萎蔫不能恢复，外叶平贴地上，叶柄基部及根茎髓部完全腐烂，呈黄褐色黏稠状，散发臭味。在防治上需要注意以下几点，选用抗病品种；合理轮作，忌与十字花科、茄科、瓜类作物连作；及时清除病株，病穴应撒石灰粉消毒，及时防治地下害虫及其他食叶害虫，减少伤口；或者播种前用种子重量1.5％的中生菌素、增产菌50毫升拌种，可消灭种子及幼苗周围土壤中的病菌；发病初可用农抗120的150倍液，农用链霉素10000倍液，新植霉素5000倍液，70％敌克松500～1000倍液喷雾或灌根，7～10天1次，连续2～3次。

（4）黄条跳甲　又称黄条跳蚤、地蹦子等。其成虫及幼虫均能为害，成虫咬食叶片，幼虫为害根部，致使植株死亡。此外，幼虫及成虫造成的伤口易传播软腐病。防治方法有避免与十字花科作物连作，及时清洁田园、减少田间虫源，深耕灭虫，以及药剂防治，如选用48％乐斯本乳油1000～1500倍液，或50％辛硫磷乳油2000倍液，或80％敌敌畏乳油或90％敌百虫晶体1000倍液喷雾。

（5）菜蚜　菜蚜又叫蜜蚜，在我国主要有萝卜蚜、甘蓝蚜和桃蚜三种。蚜虫在为害蔬菜时，以成虫或若虫群集在幼苗、嫩叶、嫩茎和近地面叶上，以刺吸式口器吸食寄主的汁液，为害密集，造成植株难以正常生长。防治时可适当利用天敌，比如六斑月瓢虫、七星瓢虫、横斑瓢虫、十三星瓢虫等；或者药剂防治，如用10％吡虫啉可湿性粉剂1500倍液，或50％辟蚜雾可湿性粉剂2000～3000倍液，或2.5％功夫乳油2000倍液喷雾，每隔6～7天喷1次，连续喷2～3次。

上述每种有机合成的药剂在蔬菜的一个生育期内只能使用1次，蔬菜采收上市必须严格执行农药安全间隔期，保证蔬菜中农药残留量不超过绿色蔬菜规定的标准。

安全合理施用化学药剂，注意轮换用药，合理混用。禁止使用国家明令禁止的高毒、剧毒、高残留的农药以及混配农药品种。禁止使用的高毒、剧毒农药品种有甲胺磷、甲基对硫磷、对硫磷、久效磷、磷胺、甲拌磷、甲基异柳磷、特丁硫磷、甲基硫环磷、治螟磷、内吸磷、克百威、涕灭威、灭线磷、硫环磷、蝇毒磷、地虫硫磷、氯唑磷、苯线磷、六六六、滴滴涕、毒杀芬、二溴氯丙烷、杀虫脒、二溴乙烷、除草醚、艾氏剂、狄氏剂、汞制剂、砷、铅类、敌枯双、氟乙酰胺、甘氟、毒鼠强、氟乙酯钠、毒鼠硅等。

9. 采收

根据萝卜品种特性、市场需求或客户要求及时分批采收。一般萝卜大型品种90～110天收获，中型品种50～70天收获，小型品种30～50天收获。采收方式有人工拔起或用铁锹掘起，然后放入塑料蔬菜周转箱内，及时运抵蔬菜清选场所，装卸、运输时要轻拿轻放。

采收后清洁田园。

（二）绿色胡萝卜标准化生产技术

胡萝卜又名红萝卜，是伞形花科胡萝卜属二年生草本植物。原产于中亚西亚一带，栽培历史很长，约在2000年以上。胡萝卜是目前世界各地普遍食用的蔬菜之一，其适应性强，病虫害少，栽培技术简单，耐储藏。目前，胡萝卜在我国南北各地均有栽培，是北方冬季主要冬储蔬菜之一。

绿色胡萝卜具有极高的营养价值和医疗保健作用。常吃绿色胡萝卜对防治软骨病、夜盲症、干眼症、皮肤角化及呼吸系统感染等病有较好的防治效果。胡萝卜的病虫害较少，栽培中施用农药较少，在生产中只要稍加注意，很容易生产为无污染的"绿色食品蔬菜"。随着人们生活水平的提高，蔬菜及其他食品的营养与卫生备受重视，绿色胡萝卜及其加工制品市场前景广阔，绿色胡萝卜的栽培也越来越受到重视（图2-16）。

图2-16　绿色胡萝卜

1. 产地要求

　　绿色胡萝卜标准化生产产地的环境质量应符合 NY/T 391 的规定。

2. 生产管理措施

　　茬口安排上多以甘蓝、大葱、大蒜、菜花、马铃薯、黄瓜、菜豆、豇豆、茄子、番茄、西葫芦等蔬菜作物作为前茬。胡萝卜肉质根入土较深，要选择土壤肥沃、土层深厚松软、排水良好的砂壤土或壤土。十分疏松的沙土以及高度坚实的黏土都不利于胡萝卜获得优质高产的品质，不宜种植。同时土壤 pH 值小于 5 时，胡萝卜生长不良，以 pH 值 5～8 为宜。

3. 品种选择

选用丰产性好、抗逆性强、抗病性强、商品品质好的品种。适宜春播的胡萝卜品种有红秀、红映二号、百日红冠、早春红冠、春红胡萝卜、早熟新黑田五寸、新红胡萝卜、红艳五寸、夏时五寸人参等；适宜夏播的胡萝卜品种有郑参一号、郑参丰收红、天红一号、托福黑田五寸、新红胡萝卜、金红四号、金红五号、天虹二号等；适宜秋播的胡萝卜品种红参胡萝卜、天红一号、超级三红五寸、大禹特级三红、豫秀胡萝卜、小顶胡萝卜、坡吴胡萝卜等。

4. 整地作畦

翻地深度一般为 30 厘米，对于长根形胡萝卜品种要采用起垄栽培或深翻。沙土地采用平畦比高垄栽培更适宜，表现在出苗齐、易浇水，便于管理。其他类型土壤特别是黏土地采用高垄栽培更适宜，可以显著提高产量并改善品质。

5. 播种

胡萝卜种子多为果实，由于种皮上成排密生刺毛，易使种子相互缠结成团，因此播种前要将刺毛搓去，以便播种均匀，与土壤接触紧密。一般种子播入土中 5～7 天出苗。胡萝卜播种采用干种子直播方式，播种方法可采用平畦或高垄条播形式，行距 15～25 厘米，沟深 1.5～2.0 厘米，将种子均匀播入沟内，覆土耙平，用脚踩一遍，落实后再浇一遍透水。

6. 田间管理

主要是除草、间苗、浇水和追肥，每个时期管理的侧重点和特点分述如下。

（1）发芽期

① 除草。胡萝卜夏播出苗时期，气温高，杂草生长快，应及时组织人力中耕除草。绿色胡萝卜标准化生产不能使用除草剂。

② 浇水。出苗期间，最好保持土壤湿润，由于气温高，水分蒸发快，一般需浇水 2～3 次。

（2）幼苗期管理

① 间苗。胡萝卜苗期生长缓慢，第 1 次间苗在苗高 3 厘米左右，1～2 片真叶时进行。疏去过密苗、弱苗、病苗及不正常的苗，留苗距 3 厘米左右。第 2 次间苗在幼苗 3～4 片真叶，高 13 厘米左右时进行，此时健苗、劣苗容易区分，亦可进行定苗。定苗株距，中小型品种 10～13 厘米，大型品种为 13～17 厘米，亩留苗 3 万～4 万株。适度密植可提高产量，并减少畸根率。

② 浇水与中耕。为了满足幼苗生长需要，必须浇水。每浇一遍水就要中耕 1 次。只浇不耕，土壤最易板结。浅耕不仅有保水作用而且能防除杂草。幼苗期需水量不大，此期由于处于高温多雨季节，要根据降雨情况酌量浇水和雨后排涝，使土壤见干见湿，不宜过多浇水；灌水或降雨之后中耕，防止土壤板结，增强土壤通气性，促使主根向土壤深处生长。

③ 追肥。当胡萝卜的苗龄达到 40～60 天时，及时追肥，以氮肥为主，尿素亩施 5 千克，促进叶片生长，施肥量不宜过多，一是苗小需肥量小，二是胡萝卜幼苗只能适应 0.5％的土壤溶液浓度。土壤溶液浓度过大，会引起根尖烧死，加重畸根率。

（3）叶片生长盛期

① 中耕培土。胡萝卜的须根主要分布于 6～10 厘米的土层中，中耕不宜深，每次中耕特别是后期，应注意培土，最后一次中耕于封垄前进行，并将细土培至根头部，以防根部膨大后露出土面，皮色变绿影响品质。

② 浇水。此期叶部生长最旺盛，肉质根生长量较小，应适当控制浇水，防止叶部徒长。通过控制浇水的方法，使胡萝卜地上部与地下部平衡生长。如果此期浇水过量，将引起叶部疯长，反而形成较小的肉质根。

（4）肉质根膨大期

① 浇水。肉质根膨大期是需肥需水最大的时期，要及时灌水，使土壤经常保持湿润状态。此期水分供给不足，肉质根的木质部容易木栓化且侧根增多；如果灌水过多，又容易引起肉质根腐烂；灌

水不均肉质根易开裂，严重降低产量和品质。所以适时适量浇水，是提高胡萝卜产量和品质的关键技术。

② 追肥。此期是需肥重点时期。胡萝卜的追肥以速效性肥料为好。此期要追肥 2～3 次。当肉质根长到手指粗时，进行第 1 次追肥，亩施硫酸钾 10～15 千克和复合肥 15～20 千克。追肥方法以结合浇水冲施为宜。而后间隔 15 天进行第 2 次追肥，再隔 15 天追第 3 次肥，施肥量与第 1 次相同。

（5）收获期　在肉质根充分膨大后晴天收获为宜。收获的标准有多种方法，最实用的方法是按品种生育期要求来确定收获期。收获过早，降低产量和品质；收获过晚，肉质根容易硬化或遭冻害不耐储藏。秋播胡萝卜收获时气温已下降，水分蒸发慢，浇水视土壤墒情而定。

7. 病虫害防治

（1）病害防治　胡萝卜病害比其他蔬菜少，目前生产上容易发生的病害有以下几种。

① 胡萝卜黑腐病。该病为真菌病害，病菌以菌丝体或分生孢子在病株残体上越冬，亦可在肉质根上越冬。病菌多从伤口侵入，上生黑色绒毛状霉层。主要症状为肉质根受害，形成不规则或圆形，稍凹陷的黑色病斑，上生黑色霉状物。严重时病斑迅速扩展深入内部，使肉质根变黑腐烂。叶片受害，初呈无光泽的红褐色条斑，发展后叶片变黄枯死，上生黑色绒毛状霉层。可以采用农业防治以及药剂防治。比如无病株上留种，防止种子带菌；清除田间病株残体、深埋或烧毁，减少田间病源；尽量减少机械伤口，去除病残伤者，防止储藏期发病；或者发病初用 75% 百菌清可湿性粉剂 600 倍液、50% 多菌灵可湿性粉剂 800 倍液、50% 扑海因可湿性粉剂 1500 倍液、58% 甲霜灵·锰锌可湿性粉剂 600 倍液。上述药剂交替施用，每隔 7～10 天喷 1 次，连续喷 2～3 次。

② 胡萝卜黑斑病。该病为真菌病害，病菌以菌丝体或分生孢子随病株残体在土壤中越冬。高温干旱易发病。主要为害叶片，病

斑多发生在叶尖或叶缘。病斑不规则形，褐色，周围组织略退色，病部有微细的黑色霉状物。加强田间管理，适当浇水、追肥，防止干旱，可减轻发生，或者及时清洁田园，集中病株残体深埋或烧毁，减少病源。药剂防治则同黑腐病。

③ 胡萝卜灰霉病。该病为真菌性病害，病菌随病株残体在土壤中越冬。低温、潮湿的环境下更易发病，储藏期发生较多。主要在储藏期为害肉质根，使肉质根软腐，其上密生灰色霉状物。防治方法如下：收获、运输、入窖时尽量避免机械损伤；控制储藏窖温度在 $1\sim3℃$，防止高温，并及时通风，降低温度，避免发病条件；或者入窖前在窖内用硫黄燃烧熏蒸杀菌灭毒。

（2）虫害防治

① 蛴螬。俗称白地蚕、白土蚕等，是各地常见的地下害虫，北方普遍发生。为害多种蔬菜，在地下啃食萌发的种子，咬断幼苗根茎，致使幼苗死亡，或造成胡萝卜主根受伤，致使肉质根形成叉根。其对春耕胡萝卜为害较重，尤其是施用未腐熟的有机肥的田块为害更为严重。主要防治方法有以下几种：不施未腐熟的有机肥，防止招引成虫产卵，减少将幼虫或虫卵带入畦土内；人工捕杀，施有机肥时把蛴螬幼虫筛出，或发现幼苗被害时挖出根际附近的幼虫；利用成虫的假死性，在其停落的作物上捕杀；药剂防治，在蛴螬发生较重的地块，用 21％增效氰马乳油 8000 倍液，或 50％辛硫磷乳油 800 倍液，或 80％敌百虫可湿性粉剂 800 倍液，灌根，每平方米畦面 $4\sim5$ 千克。

② 蝼蛄。俗称拉拉蛄、地狗子、地拉蛄等，为害多种蔬菜。成虫、若虫在土中咬食种子及幼苗，或在土中钻成条条隆起的"隧道"，使幼苗根部与土壤分离，或咬断幼苗地下根茎，造成幼苗死亡。防治方法：施用充分腐熟的粪肥，每公顷用 5％辛硫磷颗粒剂 $15\sim22.5$ 千克混细土 $300\sim450$ 千克，在播种后撒于条播沟内或畦面上，然后再覆土，有一定的预防作用。已经发生蝼蛄为害时，用毒饵诱杀效果较好，方法是将豆饼、麦麸 5 千克炒香，用 90％晶体敌百虫或 50％辛硫磷乳油 150 克兑水 30 倍拌匀，每公顷用毒饵

30～37.5 千克于傍晚撒于田间。

8. 农药的安全使用

禁止采购"三证"（农药登记证、生产许可证或生产批准证、执行标准号）不全的农药，不使用过期农药，多余农药要及时回归仓库，废瓶、废包装袋应及时回收后处理。施用时严格按照 GB 4285 和 NY/T 1276 执行，农药应交替使用，严格掌握安全使用间隔期，使用后及时进行田间档案记录。

9. 采收

胡萝卜采收时，应注意以下问题。

① 采收前适当控水。胡萝卜临采收前 3～7 天，不宜大水沟灌、施肥料、喷洒农药和激素。适当控水可提高蔬菜产品的耐储性，较少腐烂，延长蔬菜采后的保鲜期。

② 采收时要注意防止机械损伤。胡萝卜采收时要注意轻拿轻放，尽量避免机械损伤，机械损伤会引起微生物的侵染导致腐烂，在采收过程中还应剔除畸形、发育不良和有病虫害的胡萝卜，从而保证待储胡萝卜的整齐性。

③ 采收后的胡萝卜不应受到日晒和雨淋。

（三）绿色根用芥菜标准化生产技术

根用芥菜又称大头菜、辣疙瘩、大头芥，是芥菜的一个变种。栽培历史悠久，分布广泛，南北各省普遍栽培（图 2-17）。

根用芥菜芥辣味较重，不宜鲜食，肉质根是栽培的主要产品，可腌可酱，如畅销国内外的云南大头菜、江苏常州和山东济南等地的五香大头菜与玫瑰香大头菜等，都是肉质根的加工品。

1. 产地要求

绿色根用芥菜标准化生产产地的环境质量应符合 NY/T 391 的规定。

2. 生产管理措施

前茬一般为瓜类、豆类和茄果类作物，尽量不与十字花科作物或当年种过芥菜的土地连作。可与粮地和水稻进行粮菜轮作。土层深厚，富含有机质的壤土或黏壤土适宜种植根用芥菜，可获高产。

图 2-17 绿色大头菜

3. 品种选择

选用优质高产、抗病抗虫、抗逆性强、适应性广、商品性好的根用芥菜品种。

4. 整地施肥

前作收获，施农家肥 5000 千克，过磷酸钙 50 千克，草木灰 150 千克，撒于地面。然后翻耕入土，与土壤充分拌匀。土壤翻耕深度要求达到 20～30 厘米。为了排水及加厚耕作层，以作高畦或起垄为宜。北方一般做成 40 厘米宽的垄，南方常做 2～3 米的宽高垄。

5. 播种与育苗

根用芥菜可以育苗移栽，也可以直播。直播的根用芥菜畸形根很少，形状较整齐，产量也较高，加工品质好。但为管理方便，充分利用土地，有的地方采用育苗移栽种植根用芥采。

（1）直播

① 播种时期。根用芥菜播种期较为严格，过早播种易造成未熟抽薹，过迟播种因前期营养生长不够，大大影响产量和品质，因此必须适时播种。但各地的播种期，应根据当地的气候情况而定，在南亚热带地区，多在8月下旬至9月下旬期间播种。山地及水源条件较差的地方，可适当早播，在灌溉方便和土壤湿度较高的田地，可适当迟播。

② 播种方法。根用芥菜的直播，多采用开穴点播的方法进行，开穴深度一般为2～3厘米，播后盖细土或加有草木灰的细渣肥。如播种时田地潮湿，不用灌溉；如土壤干燥，播后应浇透水后再覆盖。播种时，每穴播种3～4粒，播时种子要在穴内散开，不要播成一堆，每亩播种量100～150克。

③ 播种密度。由于品种不同，植株的开展度有大有小，每亩栽培株数差别较大，多的3000株，少的2500株，各地应根据具体情况灵活掌握。

（2）育苗移栽　根用芥菜在很多地区是用育苗移栽的方法栽培，也可以在直播田中间拔秧苗定植于其他田中，育苗方法与其他芥菜一样，但育苗的播种期要比直播的提前7～10天。西南及南亚热带地区育苗播种时间一般都在立秋后的8月下旬开始到9月中旬为止，苗期约40天。育苗时注意适当稀播和间苗，使每株幼苗间距在7厘米左右，保持每株幼苗有一定的营养面积，才能培育成壮苗用于定植。定植期在9月下旬至10月中旬为宜。定植时按该品种的株行距开穴定植，每穴定植一株壮苗，要求直根垂直于穴的中央，填上细土，定植后一定要浇透定根水，到缓苗前如无透雨浇水1～2次至全部成活。

6. 田间管理

（1）间苗和补苗　根用芥菜播种后一般3～5天即可出苗整齐，出苗20天左右时，可见两叶一心，要进行间苗，直播的每穴留3株健壮秧苗并相互间保持一定距离，再长10～15天，就要进行定苗，每穴只留1株完好无损的健壮苗。定苗时要注意该品种的特征而去杂去劣假留真，并利用间拔出来的壮苗补植缺穴。补穴的秧苗，要带土补进，不能伤根，保证一次补苗成活。育苗定植的在苗床内出苗 20 天左右时要进行间苗 1～2 次，拔掉过密的秧苗，保持苗床内的秧苗均匀健壮。定植时苗床内先要浇透水，再撬苗带土按一定的株行距定植于大田。

（2）追肥、灌水、中耕除草　直播的当幼苗见两叶一心时，在间苗的同时中耕除草后要追施第 1 次肥料并灌水，这次追肥主要是提苗用，宜轻施。定苗后要进行第 2 次中耕除草并进行第 2 次追肥，这次追肥是为了下一步肉质根的膨大打下营养基础，可以稍施浓一些，定苗后 15 天左右要进行第 3 次中耕除草，随后进行第 3 次追肥。此时植株生长迅速，需要充足的肥水。以后根据苗情再追肥 2～3 次，特别是在肉质根膨大期要重施追肥。在整个生长期中的施肥原则是先轻后重，先淡后浓。灌水应实行小水勤灌，切忌大水漫灌，还必须根据天气和土壤的干旱情况灌溉。中耕除草一般进行 3～4 次，第 1 次进行浅中耕，第 2 次可进行深中耕 10～15 厘米，第 3 次进行浅中耕，第 4 次要根据苗情轻度中耕，拔除杂草。前 3 次追肥以氮肥为主，每次可追尿素 10～15 千克，后 2 次追肥应补充磷钾肥，每次可追复合肥 25 千克。

（3）摘心　秋播的根用芥菜常发现有未熟抽薹现象，如遇这种现象，需把心摘掉。否则任其生长，将影响肉质根的肥大。摘心愈早愈好，摘掉后根用芥菜肉质根仍然可以膨大。摘心时用锋利的小刀尽量靠基部把花薹割掉，使断面略呈斜面，防止积水腐烂。

7. 病虫害防治

根用芥菜的虫害主要是菜青虫、蚜虫，病害主要有病毒病。这些病虫害都是十字花科蔬菜常见的病虫害，参照十字花科的病虫害防治方法进行即可。

8. 采收

根用芥菜自播种到肉质根收获，依品种和各地气候情况而定，少则 90 天，多则 180 天，一般肉质根已充分膨大至花薹即将出现之前采收。成熟的标志为基叶已枯黄，根头部由绿色转为黄色。采收时用锄将根用芥菜挖起，再用利刀削去茎叶的侧根，即可运往市场或加工厂出售。不合规格的根用芥菜可制咸菜或加工芥菜丝。

（四）绿色芜菁标准化生产技术

芜菁，别名蔓菁、圆根、盘菜等。我国各地均有栽培，是东北、西北、华北等较冷凉地区春、夏、秋的主要蔬菜，华南等地冬、春也大面积栽培。形状上与萝卜部分品种相似，都是圆球状肉质根，成熟后芜菁肉质根柔嫩、致密，可供炒食、煮食（图2-18）。

图2-18　绿色芜菁

1. 产地要求

绿色芜菁标准化生产产地的环境质量应符合 NY/T 391 的规定。

2. 生产管理措施

芜菁喜湿润的沙土地或壤土地生长，且具有适应酸性土壤的能力，在土壤 pH 值达 5.5 时，仍能正常生长。它需要较多的磷钾肥料，土壤湿度不宜过高，秋季高温干旱环境易于病毒病的发生，为了减轻病害的发生，应实行 2～3 年轮作，不应与其他十字花科蔬菜连作。

3. 品种选择

根据肉质根的形状，可分为圆形和圆锥形两类，多数圆形品种生长期短，早熟，肉质根较小；圆锥形品种生长期较长，晚熟，肉质根个体较大。具有代表性的圆形芜菁有紫芜菁、耐病西佳丽、温州盘菜；圆锥形芜菁则有白芜菁、猪尾巴芜菁。

4. 整地施肥

整地前要施足基肥，并适当深翻，一般每公顷施入腐熟厩肥4.5 万千克左右，然后翻耕 22 厘米后作畦，北方作平畦或高垄，南方作高畦。

5. 播种与育苗

芜菁一般为直播，也有的进行育苗移栽。直播者大都是条播。大型品种行距 33～50 厘米、株距 20～26 厘米。小型品种行距 26～33 厘米、株距 17～20 厘米。土壤干旱时播后要及时浇水，出苗后间苗 1～2 次，5～6 叶时定苗。育苗移栽的，播种浇水后，在畦面覆盖碎草保墒，促进出苗，出齐苗后间苗 1～2 次，苗距 2～3 厘米。如肥力不足，也可结合浇水进行追肥，当苗生长出 5～6 片真叶时，进行定植。定植时要选苗，选叶色嫩绿、生长健壮、无病虫和伤害的幼苗栽植。淘汰病虫弱苗。栽植不宜过深，以不埋住根茎为宜。栽深的会影响肉质根生长。栽苗后要及时浇水，使幼苗的根能密切与土壤结合，以利根的发育。

6. 田间管理

芜菁对土壤肥料的反应敏感，基肥施入不足，会严重影响肉质根的生长，所以在播种和栽植前施肥不足时，应在芜菁整个生长期进行分次追肥。追肥应以氮、磷、钾、钙等肥料为主。氮肥应在间苗后到定苗栽植前施入；钾肥应在肉质根生长前期施入；磷肥最好作基肥，整地时与有机肥一起施入。根据芜菁的需肥特点，在施用有机肥作基肥的情况下，一般在生长期应追肥 2～3 次，可在幼苗期，定苗后或植苗成活后结合浇水，进行第 1 次追肥，可追施人粪尿、复合肥等。在肉质根生长旺盛前期进行第 2 次追肥，可追施草木灰、人粪尿等。芜菁在幼苗期需水不多，应注意中耕除草，防止草荒。适时浇水，保持土壤湿润，降低地温，也能减轻病毒病的发生。在肉质根膨大期，应结合追肥增加浇水次数，供给充足的水分。

7. 病虫害防治

芜菁的主要病害为病毒病，主要虫害为蚜虫、菜螟、跳甲等。可参照十字花科的病虫害防治方法进行防治。对病毒病发生较重的地区，也可采取适当晚播，及时防治害虫，减少传播。田间发现病株后要及早拔除，减轻蔓延。

8. 采收

北方地区，芜菁的收获期一般与萝卜相近，收获后可进行沟藏或窖藏；南方一般在播种后 80～90 天即可陆续采收供应，一般不进行储藏。

八、绿色蔬菜标准化生产标准

（一）产地环境质量标准

为了保证绿色食品的质量，合理选择符合绿色食品生产要求的环境条件，防止人类生产和生活活动产生的污染对绿色食品产地的影响，并促进生产者通过综合措施改进土壤肥力，特制定本标准。本标准从 2000 年 04 月 01 日实施，同时代替 1995 年 8 月颁布的《绿色食品产地生态环境质量标准》。

1. 范围

本标准规定了绿色食品产地的环境空气质量、农田灌溉水质、渔业水质、畜禽养殖水质和土壤环境质量的各项指标及浓度限值，监测和评价方法。适用于绿色食品 AA 级和 A 级生产的农田、蔬菜地、果园、茶园。

本标准还提出了绿色食品产地土壤肥力分级，供评价和改进土壤肥力状况时参考，列于附录之中。适用于栽培作物土壤，不适于野生植物土壤。

2. 引用标准

下列标准所包括的条文，通过在本标准中引用而构成为本标准的条文。本标准出版时，所示版本均为有效。所有标准都会被修订，使用本标准的各方应探讨、使用下列标准最新版本的可能性。

GB 3095—1996 环境空气质量标准

GB 5084—92 农田灌溉水质标准

GB 5749—85 生活饮用水质标准

GB 15618—1995 土壤环境质量标准

GB 9137—88 保护农作物的大气污染物最高允许浓度

GB 7173—87 土壤全氮测定法

GB 7845—87 森林土壤颗粒组成（机械组成）的测定

GB 7853—87 森林土壤有效磷的测定

GB 7856—87 森林土壤速效钾的测定

GB 7863—87 森林土壤阳离子交换量的测定

3. 定义

本标准采用下列定义。

（1）绿色食品 系指遵守可持续发展原则，按照特定生产方式生产，经专门机构认定，许可使用绿色食品标志的，无污染的安全、优质、营养类食品。

（2）AA 级绿色食品 系指生产地的环境质量符合 NY/T 391要求，生产过程中不使用化学合成的肥料。农药、兽药、饲料添加剂、食品添加剂和其他有害于环境和身体健康的物质，按有机生产方式生产，产品质量符合绿色食品产品标准，经专门机构认定，许可使用 AA 级绿色食品标志的产品。

（3）A 级绿色食品 系指生产地的环境质量符合 NY/T 391 的要求，生产过程中严格按照绿色食品生产资料使用准则和生产操作规程要求，限量使用限定的化学合成生产资料，产品质量符合绿色食品产品标准，经专门机构认定，许可使用 A 级绿色食品标志的产品。

（4）绿色食品产地环境质量　绿色食品植物生长地和动物养殖地的空气环境、水环境和土壤环境质量。

4. 环境质量要求

绿色食品生产基地应选择在无污染和生态条件良好的地区。基地选点应远离工矿区和公路铁路干线，避开工业和城市污染源的影响，同时绿色食品生产基地应具有可持续的生产能力。

（1）空气环境质量要求　绿色食品产地空气中各项污染物含量不应超过表 2-8 所列的浓度值。

表 2-8　空气中各项污染物含量（标准状态）

项目	浓度限值	
	日平均	1 小时平均
总悬浮颗粒物（TSP）	0.30 毫克/米^3	——
二氧化硫（SO_2）	0.15 毫克/米^3	0.50 毫克/米^3
氮氧化物（NO_x）	0.10 毫克/米^3	0.15 毫克/米^3
氟化物	7（微克/米^3） 1.8［微克/（分米^2·天）］（挂片法）	20 微克/米^3

注：1. 日平均指任何 1 日的平均浓度；

2. 1 小时平均指任何 1 小时的平均浓度；

3. 连续采样 3 天，每天 3 次，晨、午和晚各 1 次；

4. 氟化物采样可用动力采样滤膜法或用石灰滤纸挂片法，分别按各自规定的浓度限值执行，石灰滤纸挂片法挂置 7 天。

（2）农田灌溉水质要求　绿色食品产地农田灌溉水中各项污染物含量不应超过表 2-9 所列的浓度值。

表 2-9　农田灌溉水中各项污染物的浓度限值

项目	浓度限值
pH 值	5.5～8.5
总汞	0.001 毫克/升
总镉	0.005 毫克/升
总砷	0.05 毫克/升
总铅	0.1 毫克/升

项目	浓度限值
六价铬	0.1 毫克/升
氟化物	2.0 毫克/升
粪大肠菌群	10000 个/升

注：灌溉菜园用的地表水需测粪大肠菌群，其他情况下不测粪大肠菌群。

（3）土壤环境质量要求　本标准将土壤按耕作方式的不同分为旱田和水田两大类，每类又根据土壤 pH 值的高低分为三种情况，即 pH$<$6.5，pH$=$6.5～7.5，pH$>$7.5。绿色食品产地各种不同土壤中的各项污染物含量不应超过表 2-10 所列的限值。

表 2-10　土壤中各项污染物的含量限值

单位：毫克/千克

耕作条件	旱田			水田		
	pH$<$6.5	pH$=$6.5～7.5	pH$>$7.5	pH$<$6.5	pH$=$6.5～7.5	pH$>$7.5
镉	0.30	0.30	0.40	0.30	0.30	0.40
汞	0.25	0.30	0.35	0.30	0.30	0.40
砷	25	20	20	20	20	15
铅	50	50	50	50	50	50
铬	120	120	120	120	120	120
铜	50	60	60	50	60	60

注：1. 果园土壤中的铜限量为旱田中的铜限量的 1 倍；

2. 水旱轮作用的标准值取严不取宽。

（4）土壤肥力要求　为了促进生产者增施有机肥，提高土壤肥力，生产 AA 级绿色食品时，转化后的耕地土壤肥力要达到土壤肥力分级Ⅰ～Ⅱ级指标（表 2-11）。生产 A 级绿色食品时，土壤肥力作为参考指标。

（5）监测方法　采样方法除本标准有特殊规定外，其他的采样方法和所有分析方法按本标准引用的相关国家标准执行。

表 2-11　土壤肥力分级参考指标

项目	级别	旱地	水田	菜地	园地	牧地
有机质 /（克/千克）	I	>15	>25	>30	>20	>20
	II	10～15	20～25	20～30	15～20	15～20
	III	<10	<20	<20	<15	<15
全氮/（克/千克）	I	>1.0	>1.2	>1.2	>1.0	—
	II	0.8～1.0	1.0～1.2	1.0～1.2	0.8～1.0	—
	III	<0.8	<1.0	<1.0	<0.8	—
有效磷 /（毫克/千克）	I	>10	>15	>40	>10	>10
	II	5～10	10～15	20～40	5～10	5～10
	III	<5	<10	<20	<5	<5
有效钾 /（毫克/千克）	I	>120	>100	>150	>100	—
	II	80～120	50～100	100～150	50～100	—
	III	<80	<50	<100	<50	—
阳离子交换量 /（厘摩尔/千克）	I	>20	>20	>20	>15	—
	II	15～20	15～20	15～20	15～20	—
	III	<15	<15	<15	<15	—
质地	I	轻壤、中壤	中壤、重壤	轻壤	轻壤	砂壤、中壤
	II	砂壤、重壤	砂壤、轻黏土	砂壤、中壤	砂壤、中壤	重壤
	III	砂土、黏土	砂土、黏土	砂土、黏土	砂土、黏土	砂土、黏土

空气环境质量的采样和分析方法根据 GB 3095 的 6.1、6.2.7 和 GB 9137 的 5.1 和 5.2 规定执行。

农田灌溉水质的采样和分析方法根据 GB 5084 的 6.2、6.3 规定执行。

土壤环境质量的采样和分析方法根据 GB 15618 的 5.1、5.2 的规定执行。

5. 土壤肥力评价

土壤肥力的各个指标，Ⅰ级为优良、Ⅱ级为尚可、Ⅲ级为较差。供评价者和生产者在评价和生产时参考。生产者应增施有机肥，使土壤肥力逐年提高。

6. 土壤肥力测定方法

见 GB 7173，GB 7845，GB 7853，CB 7856，GB 7863。

（二）生产技术标准

1. 绿色蔬菜生产环境

大气环境质量符合国家一级标准 GB 3095—1996 或省级相关标准。

灌溉用水（地下水）符合国家地表水环境质量一类标准 GB 3838—88 或省级相关标准。

土壤理化性质良好，无污染，符合国家土壤环境质量标准 GB 15618—1995。

日光温室避免建在废水污染源和固体废弃物周围。

日光温室严防来自系统外的污染（未经处理的工业废水、城市生活垃圾、工业废渣、生活污水等）。

日光温室内微生态环境，必须形成良性循环，杜绝设施内自身环境恶化。

2. 日光节能温室选型与场地建设

温室选建日光节能型温室（二代新型），如东农系列日光节能温室，可减少烟尘对环境的污染，有利生态防治。

棚膜选择：选用无滴、防雾、耐低温、抗老化聚乙烯或乙酸聚乙烯棚膜，能减轻病害发生。地膜选择降解地膜，防止对土壤污染。

温室选址原则：地势高燥、向阳、排水良好、土质理化性质符合无公害生产要求；设施场地远离污染源。

温室生产基地四周建防风林带；排、灌系统设置合理，防止排水不畅污染环境。

化粪池、蔬菜生产废弃物处理场所应远离设施，防止对蔬菜产品污染。

3. 种子与育苗

选择对病虫害抗性强的品种。

种子用物理方法消毒，如热水烫种消毒，严禁使用化学物质处理种子，可用各种植物或动物制剂、微生物活化剂、细菌接种等处理种子。育苗床土无虫、无病、无杂草种子，床土用草炭土和大田土配制，施有机肥，配合微生物肥，A级可适当施用磷酸二铵和硫酸钾，AA级严禁使用人工合成的化学肥料。床土配制过程，严禁用化学杀虫、杀菌剂消毒，可用高温发酵堆制消毒。苗期控制生态环境培育壮苗。AA级严禁用人工合成激素，允许使用由植物或动物生产的天然生长调节剂、矿物悬浮液等。

4. 肥料

有机肥：施用经充分腐熟的有机质肥料，包括草炭、作物残株、农作物秸秆、绿肥、经高温堆肥等处理后的无寄生虫和传染病的人粪尿和畜禽粪便及其他未受污染的商品有机肥料。可以使用草木灰、豆饼、动物蹄及角粉、未经处理的骨粉、鱼粉及其他类似的天然产品；允许使用以植物或动物生产的生长调节剂、辅助剂、润湿剂等。不允许施用未经处理的人粪尿进行追肥。允许使用硫酸钾、钼酸钠和含有硫酸盐的微量元素矿物盐。允许使用农用石灰、天然磷酸盐和其他缓溶性矿粉，但天然磷酸盐的使用量，大棚、温室内平均每年每亩不得超过 0.7 千克。允许使用自然形态（未经化学处理）的矿物肥料，但使用含氮矿物肥时，不能影响园艺设施内生态条件以及蔬菜产品的营养、口感和对病虫等灾害的抵抗力。禁止使用硝酸盐、磷酸盐、氯化物等导致土壤重金属积累的矿渣和磷矿石。

5. 病虫害防治

严禁使用高毒、高残留农药：AA级禁止使用人工合成的化学农药。A级允许限量、限时使用低毒、低残留化学农药。温室栽培，推广生态防治、生物防治、物理防治和农业综合防治及生物农药（植物、微生物农药）。允许使用石灰、硫酸铜、波尔多液和元素铜以及杀（霉）菌的杀隐环菌的肥皂、植物制剂、醋和其他天然物质防治病虫害。含硫酸铜的物质、鱼藤酮、除虫菊、硅藻土等必须按规定使用。允许使用肥皂、植物性杀虫剂、微生物杀虫剂及利用外源激素、视觉性和物理方法捕虫、驱避害虫、设施防治害虫。

6. 草害

AA 级严禁使用化学类、石油类和氨基酸类除草剂和增效剂。温室内推广地膜覆盖技术，但应及时清除残膜；提倡用工人、机械、电力、热除草和微生物除草剂等除草或控制杂草生长。

7. 温室内环境管理

根据蔬菜种类温室内进行四段变温管理，提高蔬菜抗性。温室内果菜栽培推广膜下软管滴灌节水灌溉技术，结合四段变温管理进行生态防治；叶菜推广微喷灌节水灌溉技术；阴、雨天控制灌水；高温注意通风排湿。冬春温室生产，悬挂聚酯反光膜增加光照强度提高蔬菜抗性。冬、春季温室生产，进行 CO_2 气体施肥，提高光合效益。

8. 棚室土壤改良

增施充分腐熟、不含重金属及其他有害物质的有机肥，配合施用微生物肥，严禁施用未腐熟或未经处理的有机肥，以免污染土壤和产生有害气体。温室进行配方平衡施肥，严禁滥施化肥，污染土壤，防止温室内土壤盐渍化。建立蔬菜轮作制度，严防连作重茬，以市场为导向，提倡蔬菜多样化、多种类、间套复种。

9. 禁止使用的肥料和允许使用的肥料

AA 级——禁止使用化学合成肥料、有害的城市垃圾、污泥、医院粪便垃圾、工业垃圾等。严禁追施未腐熟的人粪尿。叶面肥不得含化学合成的生长调节剂，并且叶面肥必须在收获前 20 天喷施。微生物肥用于拌种、基肥和追肥，能降低蔬菜产品亚硝酸盐含量，有利改善品质。

A 级——有限度地使用部分化学合成肥料，但禁止使用硝态氮肥；化肥必须与有机肥配合施用，有机氮与无机氮之比为 1∶1。但最后一次追肥必须在收获前 30 天进行。化肥可与有机肥、微生物肥配合施肥。生活垃圾必须经无害化处理，达标后方可使用。

AA 级、A 级使用农家肥料（人粪尿、秸秆、杂草、泥炭等）必须制作堆肥，高温发酵，杀死各种寄生虫卵、病原菌、杂草种子，除去有害气体和有害有机酸，达到卫生标准后使用。

（1）允许使用的基肥　农家肥——堆肥、沤肥、厩肥、绿肥、作物秸秆、未经污染的泥肥、饼肥。

商品有机肥——以大量生物物质、动植物残体及排泄物、生物废弃物等为原料，加工制成的商品肥。

腐植酸类肥料——以草炭、褐煤、风化煤为原料生产的腐植酸类肥料。

微生物肥料——是用特定的微生物菌种生产的活性微生物制剂，无毒无害，不污染环境，通过微生物活动能改善植物的营养或产生植物激素，促进植物生长，根据微生物肥料对改善植物营养元素的不同，分为五类，使用时根据蔬菜种类不同，加以选用。

微生物复合肥以固氮类细菌、活化钾细菌、活化磷细菌三类有益细菌共生体系，互不拮抗，能提高土壤营养供应水平，成本低、效益高、增产度大，是生产绿色食品和无污染蔬菜的理想肥源。适合任何蔬菜和农作物。

固氮菌肥能在土壤和作物根际固定氮素，为作物提供氮素营养，适宜叶菜类和豆类蔬菜。

根瘤菌肥能改善豆科植物的氮素营养，适宜豆类蔬菜。

磷细菌肥能把土壤中难溶性磷转化为作物可利用的有效磷，改善磷素营养，如磷细菌、解磷真菌、菌根菌剂等。

磷酸盐菌肥能把土壤中云母、长石等含钾的磷酸盐及磷灰石进行分解，释放出钾，如磷酸盐细菌、其他解盐微生物制剂。

A级绿色蔬菜生产肥料选择除适宜AA级的肥料外也可使用下列基肥。

有机复合肥——有机和无机肥物质混合和化合制剂。如经无害化处理后的畜禽粪便，加入适量的锌、锰、硼等微量元素制成的肥料；发酵干燥肥料等。

无机（矿质）肥料——矿物钾肥和硫酸钾；矿物磷肥（磷矿粉），煅烧磷酸盐（钙镁磷肥、脱氟磷肥），粉状硫肥（限在碱性土壤使用），石灰石（限在酸性土壤使用）。

（2）允许使用的追肥　叶面追肥中不得含化学合成的生长调节剂。

（3）A级允许使用的叶面肥　微量元素肥料：以 Cu、Fe、Mn、Zn、B、Mo 等微量元素有益元素配制的肥料；植物生长辅助物质肥料，如用天然有机物提取液或接种有益菌类的发酵液，再配加一些腐植酸、藻酸氨基酸、维生素、糖等配制的肥料。

（4）允许使用的其他肥料　不含合成的添加剂的食品、纺织工业品的有机副产品；不含防腐剂的鱼渣、牛羊毛废料、骨粉、氨基酸残渣、骨胶废渣、家畜加工废料等有机物制成的肥料。

10. 允许使用和禁止使用的农药

（1）AA级允许使用和限制、禁止使用的农药　允许使用植物源杀虫剂、杀菌剂、拒避剂和增效剂；允许使用寄生性扑食性天敌动物；矿物油乳剂和植物油乳剂；矿物源农药中硫制剂、铜制剂。

允许限量使用活体微生物农药、农用抗生素。

AA级禁止使用有机合成的化学杀虫剂、杀螨剂、杀菌剂、除草剂和植物生长调节剂。禁止使用生物源农药中混配有机合成农药的各种制剂。

（2）A级允许使用和限制、禁止使用的农药

① 允许使用的农药

a. 生物源农药：

农用抗生素——防治真菌病害可用灭瘟素、春雷霉素、多抗霉素、井冈霉素、农抗 120 等；防治螨类（红蜘蛛）选用浏阳霉素、华光霉素等。

活体微生物农药——真菌剂绿僵菌、鲁保 1 号；细菌剂苏云金杆菌。

植物源农药——杀虫剂如除虫菊素、鱼藤酮、烟碱、植物油乳剂；杀菌剂如大蒜素；增效剂如芝麻素。

b. 矿物源农药：无机杀螨杀菌剂如硫悬浮剂、石硫合剂、硫酸铜、波尔多液；消毒剂高锰酸钾。

② 限制使用的农药　有机合成农药应限量使用，包括有机合

成杀虫剂、杀菌剂、除草剂等（表2-12）。

表2-12 绿色蔬菜限制使用的农药及剂量

农药名称	最后一次用药距采收间隔时间/天	常用药量	最多喷药次数
敌敌畏	7～10	50%乳油150～200毫升/（次·亩）；80%乳油100～200克/（次·亩）	1
乐果	15	40%乳油100～125克/（次·亩）	1
辛硫磷	≥10	50%乳油500～2000倍	1
敌百虫	10	90%固体100克/（次·亩）（500～1000倍）	1
抗蚜威	10	50%可湿性粉剂10～30克/（次·亩）	1
氯氰菊酯	5～7	10%乳油20～30毫升/（次·亩）	1
溴氰菊酯	7	2.5%乳油20～40毫升/（次·亩）	1
氰戊菊酯	10	20%乳油15～40毫升/（次·亩）	1
百菌清	30	75%可湿性粉100～200克/（次·亩）	1
甲霜灵	5	50%可湿性粉75～120克/（次·亩）	1
多菌灵	7～10	25%可湿性粉500～1000克/（次·亩）	1
腐霉利	5	50%可湿性粉40～50克/（次·亩）	1
扑海因	10	50%可湿性粉1000～1500克/（次·亩）	1
粉锈宁	7～10	20%可湿性粉500～1000克/（次·亩）	1

③ 禁止使用的农药 对剧毒、高毒、高残留或致癌、致畸、致突变的农药严禁使用。如：无机砷杀虫剂、无机砷杀菌剂、有机汞杀菌剂、有机氯杀虫剂，如DDT、666、林丹、艾氏剂、狄氏剂等；有机磷杀虫剂如甲拌磷、乙拌磷、对硫磷、氧化乐果、磷胺等，马拉硫磷在蔬菜上也不能使用；取代磷类杀虫杀菌剂如五氯硝基苯；有机合成植物生长调节剂；化学除草剂，如除草醚、草枯醚等。

（三）产品标准

绿色蔬菜产品上市前接受主管部门田间检测，执行绿色食品卫生标准。鲜菜上市前清洗，必须用检测合格的生活饮用水清洗。净菜小包装采用有绿色（食品无污染农产品）标志的无毒、无污染环境的包装设备，操作人员需体检合格上岗。蔬菜产品消毒、精选整理后，可用紫外灯、臭氧发生器、高频磁法等消毒杀菌。检测应符合以下行业标准。

绿色绿叶类蔬菜　产品标准 NY/T 743—2012

绿色葱蒜类蔬菜　产品标准 NY/T 744—2012

绿色根类蔬菜　产品标准 NY/T 745—2012

绿色甘蓝类蔬菜　产品标准 NY/T 746—2012

绿色瓜类蔬菜　产品标准 NY/T 747—2012

绿色豆类蔬菜　产品标准 NY/T 748—2012

绿色薯芋类蔬菜　产品标准 NY/T 1049—2015

绿色芥菜类蔬菜　产品标准 NY/T 1324—2015

绿色多年生蔬菜　产品标准 NY/T 1326—2015

绿色水生蔬菜　产品标准 NY/T 1405—2015

（四）包装和运输标准

选择耐储品种及长势好、无病虫、无机械伤、成熟度适宜的蔬菜产品。

储藏保鲜前，窖内空间、工具、容器等需消毒杀菌，密闭熏蒸消毒后通风，然后再使用。处理后的蔬菜先在预冷间预冷装袋（箱）。保鲜库需安装通风装置，根据蔬菜种类控制窖内温度、湿度和 CO_2 浓度。其包装和运输参见以下行业标准。

1. 绿色蔬菜包装标准（NY/T 658—2015）

（1）基本要求

① 应根据不同绿色蔬菜的类型、性质、形态和质量特性等，选用符合标准规定的包装材料并使用合理的包装形式来保证绿色蔬菜的品质。同时利于绿色蔬菜的运输、储存，并保障物流过程中绿色蔬菜的质量安全。

② 包装的使用应实行减量化，包装的体积和重量应限制在最低水平，包装的设计、材料的选用及用量应符合 GB 23350 的

规定。

③ 应使用可重复利用、可回收或生物降解的环保包装材料、容器及其辅助物，包装废弃物的处理应符合 GB/T 16716.1 的规定。

（2）安全卫生要求

① 绿色蔬菜的包装应符合相应的食品安全国家标准和包装材料卫生标准的规定。

② 不应使用含有邻苯二甲酸酯、丙烯腈和双酚 A 类物质的包装材料。

③ 绿色蔬菜的包装上印刷的油墨和贴标签的黏合剂不应对人体和环境造成危害，且不应直接接触绿色蔬菜本身。

④ 纸类包装应符合以下的要求。

a. 直接接触绿色蔬菜的纸包装材料或者容器不应添加增白剂，其他指标应符合 GB 11680 的标准。

b. 直接接触绿色蔬菜的纸包装材料不应使用废旧回收纸材。

c. 直接接触绿色蔬菜的纸包装容器内表面不应有印刷，不应涂非食品级蜡、胶、油、漆等。

⑤ 塑料类包装应符合以下的要求。

a. 直接接触绿色蔬菜的塑料包装材料和制品不应使用回收再用料。

b. 直接接触绿色蔬菜的塑料包装材料和制品应使用无色的材料。

c. 不应使用聚氯乙烯塑料。

⑥ 金属类包装不应使用对人体和环境造成危害的密封材料和内涂料。

⑦ 玻璃类包装的卫生性能应符合 GB 19778 的规定。

（3）生产要求　包装材料、容器及辅助物的生产过程控制应符合 GB/T 23887 的规定。

（4）环保要求

① 绿色蔬菜包装中 4 种重金属（铅、镉、汞、六价铬）和其

他危险性物质含量应符合 GB/T 16716.1 的规定。相应产品标准有规定的，应符合其规定。

② 在保护内装物完好无损的前提下，宜采用单一材质的材料、易分开的复合材料、方便回收或可生物降解材料。

③ 不用使用含氟氯烃的发泡聚苯乙烯、聚氨酯等产品作为包装物。

（5）标志与标签的要求

① 绿色蔬菜包装上应印有绿色食品商标标志，其印刷图案和文字内容应符合《中国绿色食品商标标志设计使用规范手册》的规定。

② 绿色蔬菜标签应符合国家法律规定及相关标准对标签的规定。

③ 绿色蔬菜包装上应有包装回收标志。包装回收标志应符合 GB/T 18445 的规定。

（6）标识、包装、储存与运输要求

① 标识　包装制品出厂时应提供充分的产品信息，包括标签、说明书等标识内容和产品合格证明等。外包装应有明显的标识，直接接触绿色食品的包装还应注明"食品接触用""食品包装用"或类似用语。

② 包装　绿色蔬菜包装在使用前应有良好的包装保护，以确保包装材料或容器在使用前的运输、储存等过程中不被污染。

2. 绿色蔬菜储藏运输准则（NY/T 1056—2006）

（1）要求

① 储藏

a. 储藏设施的设计、建造、建筑材料。用于储藏绿色食品的设施结构和质量应符合相应食品类别的储藏设计规范的规定。对食品产生污染或潜在污染的建筑材料与物品不应使用。储藏设施应具有防虫、防鼠、防鸟的功能。

b. 储藏设施周围的环境。周围应该清洁和卫生，并远离污染源。

② 储藏设施管理

a. 储藏设施的卫生要求

ⓐ 设施及其四周要求定期打扫和消毒。

ⓑ 储藏设备及使用工具在使用前均应进行清理和消毒，防止污染。

ⓒ 优先使用物理或者机械的方法进行消毒，消毒剂的使用应符合 NY/T 393 和 NY/T 472 的规定。

b. 出入库　经检验合格的绿色蔬菜才能出入库。

c. 堆放

ⓐ 按绿色蔬菜的种类要求选择相应的储藏设施存放，存放产品应整齐。

ⓑ 堆放方式应保证绿色蔬菜的质量不受影响。

ⓒ 不应与非绿色食品混放。

ⓓ 不应和有毒、有害、有异味、易污染物品同库存放。

ⓔ 保证产品批次清楚，不应超期积压，并及时剔除不符质量和卫生标准的产品。

d. 储藏条件　应符合蔬菜的温度、湿度和通风等储藏要求。

（2）保质处理

① 应优先采用紫外消毒灯等物理与机械的方法和措施。

② 在物理与机械的方法和措施不能满足要求时，允许使用药剂，但使用药剂的种类、剂量和使用方法应符合 NY/T 393 和 NY/T 472 的规定。

（3）管理和工作人员　应设专人管理，定期检查质量和卫生情况，定期清理、消毒和通风换气，保持清洁卫生。工作人员应保持良好的个人卫生，且应定期进行健康检查。应建立卫生管理制度，管理人员应遵守卫生操作规定。

（4）记录　建立储藏设施管理记录程序。应保留所有搬运设备、储藏设施和容器的使用登记表或核查表。应保留储藏记录，认真记载进出库产品的地区、日期、种类、等级、批次、数量、质量、包装情况、运输方式，并保留相应的单据。

（5）运输标准

① 运输工具　应根据绿色蔬菜的类型、特性、运输季节、距离以及产品保质储藏的要求选择不同的运输工具。运输应专车专用，不应使用装载过化肥、农药、粪土及其他可能污染食品的而未经清污处理的运输工具运载绿色蔬菜。运输工具在装入绿色蔬菜之前应清理干净，必要时进行灭菌消毒，防止害虫感染。运输工具的铺垫物、遮盖物应清洁、无毒、无害。

② 运输管理　运输过程中采取控温措施，定期检查车内温度以满足保持绿色蔬菜品质所需的适宜温度。保鲜用冰应符合 SC/T 9001 的规定。不同类的绿色蔬菜运输时应严格分开，性质相反和相互串味的蔬菜不能混装在一个车中。不应该与化肥、农药等化学物品及其他任何有害、有毒、有气味的物品一起运输。装运前应进行蔬菜质量检查，在食品、标签与单据三者相符合的情况下才能装运。运输包装应符合 NY/T 658 的规定。运输过程中应轻装，轻卸，防止挤压。运输过程应有完整的档案记录，并保留相应的单据。

下 篇
强化营养蔬菜栽培技术

一、强化营养蔬菜的含义和作用

（一）含义

美国很早就提出在食品中添加维生素或矿物质，使其含量超过食品中的常见水平。这种方法称之为食品的营养增补、强化或营养加富。就蔬菜而言，一般认为用栽培方法使同种类蔬菜的营养超过常见水平，故称之为强化营养蔬菜。利用较简单的栽培方法，在现有蔬菜的种类上，增补特定的营养成分，使之成为强化营养蔬菜。

给食物中补充微量营养元素有三种途径：一是在食物中添加某种微量营养元素或富含某种微量元素的物质，生产所谓的"强化食品"；二是培育能够富集微量营养元素的作物品种，尤其是水稻、小麦等主要粮食作物；三是施用富含某些微量营养元素的肥料，并与作物品种相结合，生产所谓的"功能性食品"。第一种方法补充的是外源锌，第二种方法耗时长、投入大，还可能牵涉转基因的问题，第三种方法是目前比较可行的办法，在国内外已经有一些成功的经验。近几年，我国在富硒、富锌和富铁大米及小麦、蔬菜等方面已经做了一些工作，有的已在生产上较大规模地应用（图3-1）。

（二）作用

锌、铁、硒等是人体不可缺少的必需微量元素，与人体健康密切相关。研究证实，缺乏微量元素会导致机体免疫力下降，抗病能力差，引起人体多种疾病。如锌是人体健康所必需的重要微量营养

图 3-1　富硒番茄

元素，人体缺锌易导致视力下降、食欲减退、免疫功能下降、性发育受阻等。人体微量元素缺乏的主要原因是食物中这些微量元素含量不足。而外源性补锌产品如硫酸锌、氧化锌、醋酸锌、葡萄糖酸锌等为化学合成产品，人体的吸收利用率低，且对人体有副作用。因此研究和开发富锌食品对于改善人体缺锌状况，促进锌的健康、高效吸收具有重要的现实意义。

2008 年 1 月召开的全国首届"肥料与食物链营养高层论坛"上，中国植物营养与肥料学会提出了"营养植物，健康人类"的主题口号。提出应从作为人类食物链源头的肥料来解决人体缺素问题。2008 年 11 月在北京举行的首届"中微量元素营养全国协作网"会议，再次呼吁要加强中微量营养元素研究，通过生物强化手段开发富营养植物以满足人体健康的需求。美国全国科学研究委员会推荐，人在 11 岁至成年每天需锌 15 毫克，中国营养协会推荐的膳食中锌的供给量也是 15 毫克/天。根据中国居民的膳食结构，成年人摄入的锌在 10 毫克/天左右，也就是说如果把蔬菜、粮食作物籽粒含锌量提高到原来的 2～3 倍，就能保证摄入量达到 15 毫克/天。因此，强化营养蔬菜在改善我国人民的膳食结构，增强国人体质的作用是显而易见的。

在利用增施微量元素生产强化营养蔬菜的时候，除了增加蔬菜内微量元素的含量，达到蔬菜营养更丰富，有利于人体健康外，还能兼收蔬菜因施微肥而增产之利。

二、国内外强化营养蔬菜发展概况

（一）国外

美国研究人员很早就研究出利用土壤测试植株中酶的活性、组织学诊断等方法判断土壤中微量元素的丰缺状态，作为施用微量元素的依据。同时，详尽地描述了农作物缺乏微量元素时的各种症状表现，以及各种微量元素在土壤中的存在状态，为科学地施用微量元素打下了基础。在微量元素的施用方法和施用量方面也有很广泛的介绍。在微量元素的施用方面，美国早已达到了实用阶段。农业生产发达的澳大利亚也已把施用微量元素肥料作为作物增产和保障牲畜健康的措施之一。

近年来，美国利用基因工程技术，把数种蔬菜的营养集中到一种蔬菜中，人们只要吃一种蔬菜就可得到多种蔬菜的营养。这种蔬菜属高档的强化营养蔬菜。估计不久的将来，这种蔬菜将会面世。

（二）国内

利用施微量元素提高农作物产量的研究，我国起步较晚。20世纪80年代各地才进行了土壤微量元素的普遍调查，并在主要粮食作物上试验了施用微肥的增产效果。其中较突出的是锌肥的施用，合理地施锌可以使玉米、水稻等作物有明显的增产作用。在四川等地施钼肥对小麦和花生也有显著的增产作用。近年来，在北方日光温室栽培中，由于冬季低温条件和连作，以及土壤施肥过量、浓度过大而造成的作物吸收微量元素障碍进而造成的蔬菜减产现象日趋严重。利用施用微量元素提高蔬菜产量的报道，近年来也屡见不鲜。目前市场上很多精制肥料、浓缩肥料、促进蔬菜生长的生长素等蔬菜生产用品，均包含多种微量元素，而且大多数上述商品的增产作用是由微量元素完成的。微量元素在蔬菜生产上的应用已经越来越普遍。

众多研究表明，利用锌肥拌种或浸种，可使某些蔬菜作物增强抗旱力，提高抗病力，明显地提高产量。此外，还有使蔬菜中的氨基酸含量增加的作用。这就证明施用锌肥有强化食品营养的作用。用硼砂作底肥施于土壤中，不仅可提高蔬菜的产量，还可提高产品中钼、铜、钙、镁的含量。目前单纯靠施有机肥不能解决微量元素缺乏问题，增施微量元素肥料是作物增产、改善品质的不可替代的途径之一。利用施用微量元素提高蔬菜矿物质含量是蔬菜生产今后应加强的工作之一。

三、强化营养蔬菜栽培技术的理论根据及其补充方法

（一）强化营养蔬菜栽培的理论根据

世界各国以及我国各地土壤中都不同程度地缺乏各种微量元素。动植物所需的微量元素都十分齐全有效的土壤很少。

土壤中本身微量元素含量的不均衡和缺乏，加上连年种植农作物的大量吸收，导致土壤缺乏微量元素现象十分普遍。一般情况下，农作物缺乏一种或几种微量元素时，并不总会影响植株的外观而表现出症状，大多数情况下，受损害的作物仅仅表现长相稍有不良而已，只有在很严重的缺乏时，才有较明显的症状，这一现象是人们忽略了微量元素施肥的主要原因，也是作物不能达到预期产量目标的重要原因。目前，市场上大量推销的各种生长素、肥料精等，实质就是多种微量元素的配合，施用这些肥料均有增产效果，亦可表明农作物施用微量元素肥料的迫切性。

植物本身含有的微量元素并非全部为植物所必需的。在根系吸收微量元素时，一部分是鉴于植物体本身需要而主动吸收的；另一部分可能是土壤中有效成分含量较高，根系无力完全拒绝而被动吸收的。同一作物，由于产地不同，产地土壤所含某种微量元素有效量的差异，产品的微量元素含有量有巨大的变化幅度。当植物吸收的微量元素超过生理生化功能的需要时，会把过量的微量元素储藏在某些器官中。当然，超过的量必须在植物能忍耐的中毒剂量范围

以内才行。

植物体中很多微量元素，如钴、铬、碘、锰、钼、硒等的含量与土壤中的有效含量相关。土壤中这些微量元素有效量较低时，植物的生长发育不一定受影响，但是作为人的食品时，营养价值就大大下降了。在蔬菜栽培中可以用追施微量元素的方法，增加土壤中有效微量元素含量，迫使蔬菜中含有超出常规的微量元素含量。增施土壤缺乏的微量元素会使作物增产，同时，作物中这类微量元素的含量也会相应地提高。只要这一含量对人体有益无害，则可定名为强化营养蔬菜。

（二）强化营养蔬菜栽培的注意事项

植物对微量元素的需求量很小，缺乏和过量的界限范围相差也很小。如果不采用科学的施用方法，很易因施用过量而产生毒害。为此需要掌握微量元素在土壤中存在的变化规律。

1. 土壤与微量元素的关系

土壤 pH 值可影响微量元素的溶解度，影响其有效含量及根系的吸收量。当土壤 pH 值为中性或碱性时，铁、铜、锌、锰等阳离子微量元素则表现缺乏。反之，阴离子微量元素与土壤 pH 值成正相关关系，当 pH 值升高时，钼、硼、硒等有效含量反而增加。

细质土壤、黏质土壤的吸附力强，含有机物多，能更多地保持微量元素。而含砂土、粗质土壤中易缺乏微量元素。

土壤中有效磷含量高时，与锌有拮抗作用，影响锌的有效含量；施氮肥过多，作物根中含蛋白氮过高，易与锌生成配合物而造成缺锌；土壤中偏施酸性氮肥如硫酸铵，可提高铁、铜、锰等微量元素的有效含量；有机肥多、土壤中腐殖质含量高，可有效地与多种微量元素配合在一起，便于植物吸收，提高其有效含量。

2. 气候与微量元素的关系

地温过低，会影响土壤微生物的生理生化活动，降低了矿化作用；地温低也削弱了根系的吸收能力，所以，地温低时土壤中微量元素的含量有效性降低，易出现缺乏症状。这也是在蔬菜保护地栽培中易发生微量元素缺乏现象的主要原因。

3. 不同作物与微量元素的关系

不同的作物从土壤中吸收微量元素的能力不同，如豆类作物吸收土壤中的铁比禾本科作物多而强。不同作物所需的环境条件不同，这不同的环境条件也会影响微量元素在土境中的有效含量。如水稻等作物，其土壤长期浸在水中，则有效的锌、铜等含量下降，表现缺锌、铜。但是水田中可溶性铁的含量会大幅度提高，往往能造成铁过量而中毒。

4. 微量元素的总含量与有效含量

大多数土壤中，微量元素的总含量都大大超过作物的摄取量。但是总含量中只有很少一部分为可溶性的有效含量，即为根系可吸收的。这一部分有效含量的微量元素也是在不断变化着，不一定能完全供给根系吸收利用。很多微量元素，如锌在土壤中不易扩散，锌在土壤表层含量可能很高，但下层的土壤则可能缺锌。锰在土壤中的扩散度比锌高，但在扩散过程中很易被固定为不溶性的无效态。所以，土壤中微量元素的有效含量是不稳定的，分布不均衡。

5. 微量元素之间的关系

作物在土境中摄取某种微量元素时，不仅取决于该元素在土壤中的有效含量，也取决于其他元素，如大量元素、微量元素、生长必要元素和非必要元素的有效性。如作物表现出缺乏某一微量元素时，施用这种元素，产量不一定提高；相反地，作物虽不表现缺某元素的症状，但施用这种元素，其产量却可明显地增加，微量元素之间有一定的替代性。如钒和钨可以代替含量低时钼的作用。

综合上述分析，在强化营养蔬菜栽培过程中，施用微量元素应多方面考虑，以求达到施用量少、经济、有效、无副作用。这其中最重要的是一定要了解安全施用界限，勿施过量，以免引起中毒现象。

四、微量元素施用应注意的问题

微量元素指占生物体总质量 0.01% 以下，且为生物体所必需的一些元素，植物生长需要的七种微量元素分别为铁、硼、锰、铜、锌、钼和氯。微量元素参与植物的营养和代谢过程，在土壤中缺少或不能被植物利用时，植物会生长不良，过多又容易引起中毒。同时植物所必需的微量元素锌、锰、铜、铁和有益元素硒也是人和动物所必需的，食物链中微量元素的平衡问题关乎人类健康。因此，在农业生产中应合理施用微肥，充分发挥它们的效果。

（一）微量元素的合理施用

各种作物对微量元素缺乏的敏感性是由其营养基因型决定的，作物种类不同甚至品种不同，对微量元素的需求不同。不同作物根系在吸收微量元素的过程中，根际环境条件如酸碱度、氧化还原电位、分泌物等都是各不相同的，它们对微量元素的有效化的影响也不一样，这就使得我们必须结合实际，合理应用。

1. 根据土壤丰缺情况施用

一般情况下，在土壤微量元素有效含量低时易产生缺素症，所以采取缺什么补什么的原则，才能达到理想的效果。

2. 根据作物种类确定

不同的蔬菜种类对微肥的敏感程度不同，其需要量也不一样。如白菜、油菜、甘蓝型蔬菜、萝卜等对硼肥敏感，需要量大；豆科类、番茄类、马铃薯、洋葱等对锌肥敏感等等。

3. 根据缺素症状对症施用

缺硼幼叶畸形、皱缩，叶脉间不规则褪绿，生长点死亡；缺铁新叶均匀黄化，叶脉间失绿；缺钼中下部老叶失绿，叶片变黄，叶脉肋骨状条纹；缺锰叶脉间失绿黄化，或呈斑点黄化；缺锌中脉间失绿黄化或白化。

（二）微量元素的使用方法

1. 基肥底施

此法适用于严重缺素的土壤。将微肥和有机肥混匀，整地时翻入土壤内，以减少土壤的固定。

2. 种子处理

（1）浸种　先将微肥用水稀释成一定浓度的水溶液，后将种子投入微肥液中，使种子吸收肥液而膨胀，在浸种过程中，必须经常翻动种子，使种子吸收均匀，晾干后即可播种。

（2）拌种　先用少量水将微肥溶解，配成高浓度的肥液，然后用干净喷雾器将肥料喷洒在种子上，边喷边拌，使种子表面都沾上一层肥液，待种子吸足并阴干后即可播种。

3. 叶面喷洒

将微肥和水配成一定浓度的溶液进行叶面喷施，既经济，又见效快，是微量元素在蔬菜上最常用的施用方法。对敏感蔬菜和缺素土壤宜多喷，每次喷洒以茎叶沾湿润为宜，并宜选择晴天黄昏喷洒；尽可能延长肥液在蔬菜叶片上的湿润时间，增强吸肥效果。实践当中根据需要将几种微肥混合喷洒或与其他肥料及农药混喷，以达到肥料互补、互促作用，以及省工多效效应。但须事先经过少量混合，观察有无浑浊、沉淀、冒气泡等不良反应，若有则不能混用，以免造成浪费和副作用。

五、富硒蔬菜栽培技术

硒是人类必需的微量营养元素，对人类的健康扮演了十分重要的角色。硒可以通过减少体内氧自由基，保护有机体免受氧化性损伤，从而提高机体的免疫力。地方流行病如克山病（KSD）、大骨节病（KBD）和部分癌症的发生与人体缺硒密切相关，营养学会推荐每人每日摄取硒量为 $50 \sim 200$ 微克。我国土壤缺硒面积较大，约有 72% 的地区土壤处于缺硒和低硒状态。硒在人体内无法合成，所以要满足人体对硒的需求，就需要每天补充硒，因此，富硒技术是科学家们研究开发的热点领域。

蔬菜是人们日常饮食中必不可少的食物，对维持人体正常生理功能和增进健康具有非常重要且不可替代的营养作用。其中，十字花科蔬菜较其他植物而言有较高的富硒能力。因此，发展富硒蔬菜，开展富硒蔬菜的应用研究并进行大力推广具有重要的现实意义和广阔的前景（图 3-2）。

（一）蔬菜富硒方式

蔬菜富硒化栽培可分为土壤栽培富硒法、叶面喷施富硒法、溶

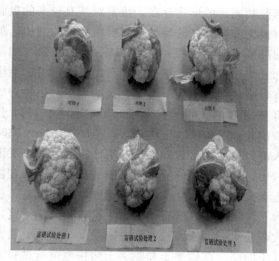

图 3-2　富硒花椰菜

液培养富硒法、拌种富硒法、食用菌栽培料施硒、品种改良富硒等。

1. 土壤栽培富硒法

土壤栽培富硒法即传统的土壤施硒，是一种简单的富硒方式，即是在土壤中施用硒与磷钾的复合肥，或施用煤灰和其他含硒物质，使用条施法加入土壤中。不同蔬菜种类富硒能力各自不同，如十字花科、百合科、豆科蔬菜更具富硒能力。而植物对于不同形态的硒，如硒酸盐、亚硒酸盐，也有不同的活性吸收位点，因此根系对之吸收和运转机理也有所不同。植物吸收 Se^{6+} 为主动吸收；Se^{4+} 为被动吸收，且吸收和积累情况都低于 Se^{6+}。目前，所有植物根部对硒的吸收是否都存在主动吸收和被动吸收仍不清楚，同时也不确定亚硒酸盐运转速率都比硒酸盐低。

影响蔬菜对土壤中硒吸收的因素有很多，其中最主要的因素是硒的存在形态，而硒的存在形态又受土壤 pH 值影响。在 pH＝4.5～6.5 的土壤中，硒以一种难溶于水的亚硒酸铁盐的形式存在，蔬菜对其利用性很低；而在 pH＝7.5～8.5 的土壤中，硒以一种可溶于水的硒酸盐离子的形式存在，蔬菜对其有较高的吸收利用。其次，土壤有机化合物存在的类型也影响植物硒的利用，如土壤中腐殖质的添加降低土壤中硒的利用率；而一些有机酸（如草酸和柠檬酸）的添加，将会提高硒在植物中的利用率。再者，土壤类型对硒的吸收也有影响，随着土壤中黏土含量的减少，植物对硒的吸收逐渐增加。将多花黑麦草种植在自然低硒的黏土、砂壤土和泥炭土上，在硒酸钠处理过的所有土壤中，2次收获物加入硫时硒浓度都下降；加入磷只有在黏土和砂壤土的第2次收获硒浓度下降；在亚硒酸钠处理中，加入石灰的所有土壤的2次收获硒浓度都增加，但只有在黏土和泥炭土的第2次收获的硒浓度增加显著；在硒酸钠处理中，加入石灰降低了在所有土壤第1次收获时硒浓度，降低了砂壤土第2次收获时的硒浓度。麦粒中硒浓度，轻质土通常比中等黏性土到黏性土的高。在砂壤土和黏壤土两块地进行试验，砂壤土植株体内硒浓度比黏壤土植株体内硒浓度提高了32％以上。

此外，硫的存在会影响植物对硒的吸收，在低硫的土壤条件下，硒能替代蛋白质中的硫，故一些富集硫的蔬菜对硒也有较强的吸收。

2. 叶面喷施富硒法

土壤施硒量大、投资高，拌种又不易操作，且拌种与土施硒均易污染环境，因此，在生产中其应用受到限制。低硒区通过叶面喷硒的方式补充硒的不足是操作方便、经济有效、安全无污染的一种新途径，因此，叶喷补硒得到了广泛的应用。

国外在三叶草上研究发现，同样硒浓度下，叶面喷硒比土壤施硒植物吸收量高5倍，尚庆茂等以DFT水培方式研究了营养液增硒对生菜硒富集的特征，表明施用较少的硒就能收到明显的效果。这可能是土壤对无机硒存在较强的吸附固定作用的缘故。

通过叶面的喷洒，硒元素可以从植物被喷洒的部位转移到其他部位，但此过程需要从外部提供一定的能量。在喷硒处理的植物体内，会形成一条"外部叶子→内部叶子"运输硒的通路。在此通路中，线粒体的活动加强，能量的消耗增多。植物的生长阶段会影响叶面的喷硒效果，所以要求喷硒处理要在植物特定的生长阶段进行；其次，洗涤剂的施加会促进植物对硒的吸收。此外，喷施季节及施加的肥料，也会影响植物对喷洒硒的吸收和转化。农作物喷施硒叶面肥后，随生长期的延长和喷施次数增加，农作物含硒量也随之增加。以 0.50 毫克/千克、100 毫克/千克、200 毫克/千克、250 毫克/千克浓度的亚硒酸钠（Na_2SeO_3）喷洒油菜、小白菜、黄瓜、西葫芦、菜豆、芹菜、生菜等，发现叶菜类蔬菜喷施 200 毫克/千克，果菜类、根菜类喷洒 250 毫克/千克效果最好。100～400 毫克/千克的硫酸亚硒溶液对蔬菜食用部分有机硒含量增加作用显著，同时发现果菜类开花期喷施最有利于果内有机硒的转化。在萝卜芽菜上试验，结果发现 200～500 毫克/千克的亚硒酸钠较合适。

（1）具体步骤

① 一般采用根据不同作物配制的亚硒酸钠溶液，通过叶面喷洒或移栽时沾根达到富硒效果。

② 在喷施时要均匀地喷洒在作物叶面或在作物移栽时沾根。

③ 一般根据生育期喷施 2～3 次，所有作物苗期喷施（或沾根）1 次，生长中期喷施 1 次，生育后期再喷施 1 次。

（2）注意事项

① 富硒农产品生产中，要严格遵守操作规程。亚硒酸钠溶液对动物禁用；平时必须将亚硒酸钠溶液放置在小孩接触不到的地方；施用时要求佩戴手套、口罩、工作服，防止入口入眼，偶然溅到皮肤上应迅速用清水洗净；不慎入口时应立即催吐或送医院。

② 农产品是否富硒通过外观不能分辨，必须经过权威部门的化验测定，因此对农产品富硒要有公司或机构组织实施。

③ 应科学掌握施硒方法，施用量合适时是有益元素，过量则是有害元素，而且硒会在土壤中积累，尽可能不进行土壤施用。

3. 溶液培养富硒法

在溶液培养富硒的过程中，硒元素是以阴离子形式，从培养的溶液中转移到植物根部，再从根部转运到茎和叶等其他部位。而硒在植物内部的转移，与硒在土壤中的转移机理一致。在此应注意根据植物的生长阶段使用不同浓度的培养液。溶液培养富硒法（下文指水培）多用于蔬菜，芹菜中硒含量累积随营养液（硒酸钠和亚硒酸钠处理）硒浓度提高而增加，然而，硒酸钠处理的叶柄和叶片硒累积量比亚硒酸钠处理的高，同样浓度的硒酸钠和亚硒酸钠处理，叶片累积硒比叶柄高，当硒浓度达到 6 毫克/升时，生长没有受到严重影响，硒含量达到较高水平（57.3 毫克/千克），在某些硒酸盐处理中，叶片和叶柄中的维生素 C 总量随叶片和叶柄中硒酸盐浓度的提高而增加；可食用部分（叶柄）的硝酸盐和蛋白质含量随硒酸盐和亚硒酸盐浓度的提高而增加；在 2 毫克/升和 4 毫克/升处理中，叶片的叶绿素含量增加；结果表明，硒酸盐浓度达到 4 毫克/升对芹菜生长并没有产生不利影响；在温室内用营养液（加入硒酸钠或亚硒酸钠 1 毫克/升、2 毫克/升、6 毫克/升和 8 毫克/升）的培养莒荬菜 6 周后，叶片中硒浓度随溶液硒浓度的提高而增加，叶片中硒浓度用硒酸钠处理的比亚硒酸钠处理的高，当硒酸钠浓度在 1～4 毫克/升范围内时，植物生物产量提高；当生长在亚硒酸钠浓度为 2 毫克/升的营养液中时，干、鲜重减少；叶片维生素 C 含量随硒酸钠浓度的提高而增加，但随亚硒酸钠浓度的提高而成直线下降，叶片中硝酸盐含量随亚硒酸钠浓度的提高而显著降低，叶片中硝酸还原酶活性与硝酸盐含量的变化趋势相似，矿质元素（钾、钙和镁）没有任何显著差异，硒酸钠和亚硒酸钠浓度在 2 毫克/升时，植物体干重中硒含量分别是 5036 微克/千克和 2755 微克/千克（755 微克/千克和 234 微克/千克鲜重）。对青菜、油菜和甘蓝等作物进行水培施硒，也得到了比较理想的效果，但水培施硒难以大面积应用。

4. 拌种富硒法

拌种富硒可增加植物体硒的含量，可能是硒对种子的处理降低了植物籽粒种传病害的影响。由于硒与某些含硫氨基酸有一定关系，在拌种富硒的植物中，硒含量随含硫氨基酸的增多而增加。植物的氮固定系统及有益的根际微生物，与植物中硒的含量也有紧密联系，但具体机理有待于进一步的研究。

5. 食用菌栽培料施硒

平菇、灵芝、香菇、金针菇、黑木耳、猴头菇等菌类袋料栽培或菌丝发酵法培养，添加 1～100 毫克/千克的无机硒盐，均达到了富硒的目的。

6. 品种改良富硒

刘士旺、郭泽建等通过灵芝原生质体诱变技术获得了一诱变株系，其含硒量比诱发前提高 9.4%，生物量比诱发前高 14.3%。

（二）富硒蔬菜栽培技术

本部分内容将会详细介绍常见蔬菜（例如大白菜、豇豆）的富硒栽培技术以供读者参考。

1. 无公害富硒大白菜栽培技术

（1）品种选择　选择抗病性强、丰产性好的品种，如鲁白八号、鲁白六号等杂交一代种子。减少喷药次数，降低农药残留量。

（2）精细整地　选择土壤肥沃、排灌方便地块，地块大小以亩为宜。小麦收获后，结合耕地压施有机肥 3000 千克/亩，精细整地，做到地面平整，土碎无坷垃。

（3）适时播种　大白菜要适时播种。早播大白菜苗期生长弱，抗病性差，病害发生严重，喷药次数多，农药残留量高；晚播大白菜结球不紧实，产量低。河套地区播种期以 7 月 15～20 日为宜。播种时按 66 厘米×66 厘米划好株行距，在株行距交叉点上播种，每穴播种子 15～20 粒，播种量为 150 克/亩，然后用砂土覆盖。播种时要保证质量，防止漏播造成缺苗，争取 1 次全苗。播种结束及时浇水，浇水量以刚淹没播种穴为宜，否则影响出苗。

（4）中耕锄草　95% 大白菜带有软腐病病菌，病菌潜伏于大白菜组织中，一般情况不发病，当大白菜产生伤口或生长不良时才表现出症状。所以大白菜中耕时一定要细心，禁止机械损伤大白菜根系，以避免诱发软腐病。大白菜播种后 2～3 天，要注意土壤墒情，及时进行第 1 次中耕，防止地干无法锄地。苗期根据杂草生长情况，进行第 2 次中耕。大白菜生育期中耕锄草 2～3 次。大白菜出齐苗后，结合中耕锄草及时疏苗间苗，防止拥挤徒长，促进幼苗生长，做到苗齐、苗壮。大白菜 6～7 片叶时定苗，密度为 2000 株/亩。

(5) 水肥管理　大白菜浇水一定要浅浇，防止浇水 3 小时后有积水。据试验观察，由于地块不平而积水，或浇水过深，都会造成软腐病的发生。所以地块大小适中，土地平整对防止软腐病的发生非常重要。大白菜生育期浇水 4～5 次。

大白菜进入莲座期，根据平衡施肥原理，施磷酸二铵 10 千克/亩、尿素 25 千克/亩、钾肥 10 千克/亩，3 种肥料混合均匀后 1 次性穴施。根据土壤肥力化验结果，可适当增减上述 3 种肥料。注意禁止施硝态氮肥，施完肥后，大白菜浇出苗后的第一水。

(6) 叶面喷硒　大白菜莲座期、结球期喷施富硒增产素（巴盟农业科学研究所专利产品），每亩喷 1 瓶（500 毫升），每次喷 250 毫升，共喷 2 次。一般性作物中，十字花科对硒的积聚力最强，试验表明，无公害富硒大白菜硒的含量较普通大白菜提高 10 倍，增产 20%。

(7) 病虫害防治　大白菜防虫选择高效、低毒、低残留的植物杀虫剂，如喷可杀。大白菜出齐苗后，及时喷施喷可杀，虫害轻用 500 倍液，虫害重用 400 倍液。大白菜生育期喷药防虫 5 次，每亩用喷可杀 400 克。植物杀虫剂药效慢，要及早喷施。

大白菜莲座期喷施 25% 甲霜灵可湿性粉剂 800 倍液，或 70% 代森锰锌可湿性粉剂 500 倍液，防治霜霉病，共喷 1～2 次。大白菜结球期喷施农用链霉素或硫酸链霉素 4000 倍液 1～2 次，防治软腐病。软腐病、霜霉病混合发生时，可施用硫酸链霉素 4000 倍液，加乙磷铝可湿性粉剂 200 倍液进行防治。

严格按照上述操作规程管理大白菜，大白菜单产可达 10000 千克/亩，并且能够减少农药残留量，降低硝酸盐含量，大白菜达到绿色食品 A 级标准。

2. 富硒豇豆栽培技术

(1) 品种选择　选择优质、高产、抗性强的豇豆品种，种子质量符合 GB 4404.2 的规定。

（2）基地选择　豇豆不耐涝，忌连作，宜种植在排水、保水良好的砂壤土及黏质壤土上，土壤 pH 值以 6.2～7.0 为宜。

（3）整地施肥　豇豆主根入土深，侧根发达，播前需深耕土地20 厘米以上，并施腐熟有机厩肥 45～60 吨/公顷、过磷酸钙 450～750 千克/公顷作底肥，耕后耙平，再作小畦开排水沟，以确保旱能灌、涝能排。我国北方雨水偏少，土层深厚、疏松地块可作平畦或低畦直播，而南方雨水偏多，土壤较易板结，宜做高畦播种，一般垄面宽 1.2 米、沟宽 0.3 米、深 0.2 米。

（4）种子处理　精选饱满、粒大、无病虫害、色泽好、无损伤并具有该品种特征的种子。播前选择晴天晒种 2～3 天，温度以25～35℃为宜，并摊晒均匀。用温水（30～35℃）浸种 3～4 小时或冷水浸种 10～12 小时，稍晾后即可播种。但如果在地温低、土壤过湿的地块种植，不宜浸种。

（5）适时播种　早春大棚豇豆于 2 月下旬～3 月上旬播种，3月下旬～4 月上旬带土移栽；地膜豇豆于 4 月中上旬直播；秋豇豆于 6 月中下旬播种。

豇豆栽培较易，其直播采用点播法：按行距 60～80 厘米，株距 30～35 厘米开穴，每穴播种 3～5 粒，留苗 1～2 株；用种量30～45 千克/公顷，播种深度 4～6 厘米。根据豇豆生长势较强、营养面积大的特性，一般留苗 3.00 万～3.75 万株/公顷。采用塑料钵育苗，每钵播种 2～3 粒，待苗高 15～20 厘米时带土移栽。对于早熟品种、直立型品种，在瘠薄地种植密度应稍高。对于晚熟品种，在肥沃地种植应稍稀。此外，早播稍稀，迟播稍密。

（6）田间管理　播后 5～7 天出苗。2～4 叶时进行间苗、定苗，以确保植株间通风透光，防止病虫害滋生。去除杂苗、弱苗、病苗，以防止土壤养分消耗。

因行距较大，豇豆生长初期行间易生杂草，且雨后地表易板结，出苗至开花需中耕除草 2～4 次，中耕时把土壤培到豇豆基部。

播种后至齐苗前不浇水，以防因湿度增大而造成烂种。进入开花和结荚期后期，土壤湿度、空气相对湿度需加大。若遇久旱不雨，加上冷风，应以沟灌的方式进行适时、适量浇水，以土壤见湿见干为准，忌大水漫灌。注意雨后及时排除田间积水。

春播苗期不施肥，复种夏播时播前未施有机肥的可采用开沟或挖穴的方式追施尿素 37.5～45.0 千克/公顷、过磷酸钙 150～225 千克/公顷，氯化钾 30～45 千克/公顷。豇豆开花结荚后，应根据苗情、地情，追肥水 2～3 次。应多施磷、钾肥，以达到增产效果，而对于砂质土壤，其保肥水能力弱，宜少量多次施肥水。

豇豆单作时，播后 20～30 天搭架。以立人字架为宜，确保受光均匀。抽蔓后及时引蔓上架，按逆时针方向引蔓，以使茎蔓缠绕向上生长。

（7）叶面施硒　富硒豇豆是运用生物工程技术原理培育的。在豇豆生长发育过程中，叶面和幼荚表面喷施"粮油型锌硒葆"（原粮油型富硒增甜素），通过豇豆自身的生理生化反应，将无机硒吸入豇豆植株体内转化为有机硒富集在豇豆果实中。经检测，硒含量≥0.01毫克/千克时成为富硒豇豆。用粮油型锌硒葆 21 克，加卜内特 5 毫升或好湿 1.25 毫升，加水 15 千克，充分搅拌均匀，然后均匀地喷洒到叶片正反面及幼荚表面。豇豆伸蔓期、开花期、结荚期分别施硒 1 次，每次施硒溶液 450 千克/公顷。

宜选阴天和晴天的 16:00 后施硒。喷施均匀，雾点要细。施硒后 4 小时内遇雨，应补施 1 次。宜与卜内特或好湿等有机硅喷雾助剂混用，以增加溶液扩展度和附着力，延长硒溶液在叶面和豆荚表面的滞留时间，提高施硒效果。可与酸性、中性农药、肥料混用，但不能与碱性农药、肥料混用。采收前 20 天停止施硒。

（8）病虫害防治　通过选种、轮作、增施钾肥、病害初期喷施 70%代森锰锌可湿性粉剂或 50%多菌灵可湿性粉剂 800～1000 倍液等途径防治轮纹病、叶斑病、褐斑病、黑斑病等。除通过选种、与禾本科作物轮作防治枯萎病外，还可通过用 25%多菌灵（用量为种子量的 0.2%～0.5%）拌种、及时拔除田间病株防治。

蚜虫发生初期喷施 3%啶虫脒或吡虫啉等防治。而对于小地老虎的防治，一是铲除杂草，减少小地老虎产卵场所及食物来源；二是将麦麸炒香拌入辛硫磷，傍晚撒于地表，诱杀小地老虎；三是于小地老虎暴食期喷洒敌杀死或速灭丁2500倍液；四是人工捕杀幼虫等。

蔬菜富硒化栽培，在目前有较多的试验研究，已找出较合适的施用方法和用量，对蔬菜产品有机硒含量的提高和蔬菜品质、产量的改善表现出普遍作用。一般而言，相对较低浓度的硒盐，具有明显促进生长发育、改善蔬菜品质的作用，更大浓度会提高蔬菜对硒的吸收，但对植株的生长和产量有一定的抑制作用。十字花科、豆科、百合科等蔬菜有较强的富硒能力，尤以叶菜类吸收能力为最强。但富硒技术还处于初期阶段，如施硒方法较单一，多是单质硒元素或离子盐类（硒酸盐和亚硒酸盐），对蔬菜富硒的吸收、有机态转化的生理机制涉及较少，这对进一步提高蔬菜有机硒含量与改善作物生长发育的利用具有较明显的限制作用。今后将在硒元素植物体内代谢调节方面深入开展工作，以便更经济、方便，兼顾高产优质，有效提高蔬菜有机硒含量，并做到技术实用化、标准化。

六、富钼蔬菜栽培技术

钼早在1939年就被证实为植物必需的营养元素。施用钼肥可使牧草产量明显增加。试验证明钼肥对豆科作物、豆科绿肥、牧草以及十字花科作物有明显的增产效果，多种蔬菜如花椰菜、莴苣、洋葱、油菜、萝卜、番茄、菜豆、菠菜、甘蓝、胡萝卜、芹菜等对钼敏感。

钼是以阴离子的形态 MoO_4^{2-} 或 $HMoO_4^{-}$ 被植物吸收。在植物体中钼往往与蛋白质结合，形成金属蛋白质而存在于酶中，参与氧化还原反应，起传递电子的作用。钼的再利用较差，因此缺钼症多出现在幼叶上。

豆类作物、绿肥、十字花科作物和蔬菜对钼的反应较为敏感，当土壤缺钼时，这些作物首先表现出缺钼症状。一般作物缺钼时，脉间叶色变淡、发黄，类似于缺氮和缺硫的症状。缺钼的叶片易出现斑点，边缘发生焦枯并向内卷曲，且由于组织失水而呈萎蔫，一般老叶先出现症状，新叶在相当长时间内仍表现正常。定型的叶片有的尖端有灰色、褐色或坏死斑点，叶柄和叶脉干枯。作物的缺钼症状有其不同的特点。

钼对人体健康有重要作用，参与多种营养物质消化代谢酶的作用。成人每日需摄食 $0.15 \sim 0.5$ 毫克的钼。正常的膳食中钼的含量并不缺少，特别是多种蔬菜如菜豆、菠菜、甘蓝、胡萝卜、芹菜等的含钼量并不低，只要食品的产地来源多样化，即可满足人体需要。但是我国人民受经济水平的限制，加上运输能力有限，农产品，特别是蔬菜产品一般是当地产、当地吃。外地运销的蔬菜成本高，大多数人不能大量食用。这样一来在一些土壤缺钼的地区，主要食用当地生产蔬菜的人缺钼就很难避免。所以缺钼现象在我国还是存在的。我国各地的土壤中尚未见有含钼量过高而造成人畜中毒者，而缺钼地区则较多。因此，采用强化栽培措施，增加常见蔬菜含钼量有一定的社会意义。人体摄取钼超过 $10 \sim 15$ 毫克/日时，会发生中毒现象。一般强化营养栽培措施不会使含钼量超过中毒剂量。

通过施用钼肥，可使芹菜的含钼量达到 0.002 毫克/100 克鲜菜的高含量水平；莴苣钼的含量达到 0.002 毫克/100 克鲜菜；菠菜的含钼量达到 0.025 毫克/100 克鲜菜，按成人每日适宜的摄钼量为 $0.15 \sim 0.5$ 毫克，每日食用 600 克菠菜，即可满足人体的需钼量；胡萝卜的含钼量可提高达 0.01 毫克/100 克鲜菜，每天食用 500 克胡萝卜可满足人体需要的 1/3。

下面是对几种富钼蔬菜栽培技术的介绍。

（一）富钼甘蓝栽培技术

结球甘蓝较喜肥耐肥，在全生育期内吸收氮、磷、钾的比例为 $3 : 1 : 4$，每生产 1 千克甘蓝，需吸收氮 4.76 克、磷 1.9 克、钾 6.53 克。结球甘蓝对土壤的适应性强，而且较耐盐碱，最适宜于保水保肥的中性和微酸性土壤。

1. 整地作畦

结球甘蓝根系分布的范围宽且深，故一般在种植之前应深翻土壤。一般把有机厩肥和无机矿物质磷肥混合堆放腐熟后，在整地作畦时全园撒施 60%，到定植幼苗时再沟施或穴施 40%。北方在整地作畦前，全园施厩肥 30～45 吨/公顷、磷肥 375～450 千克/公顷。富钼甘蓝可每亩基施钼肥 50～100 克，施用时把钼盐加到过磷酸钙中制成含钼过磷酸钙，每 3～4 年施用 1 次即可。

2. 种子消毒与催芽

将选好的种子先用冷水浸湿，再用 45℃ 的热水搅拌烫种 10 分钟，然后用温水淘洗干净，在室温下浸种 4 小时，接着再用清水淘洗干净，放在 20℃ 下保湿催芽。之后，每 6 小时翻动 1 次，一般 2～3 天即可出芽。出芽后应及时播种，如不能及时播种，必须降温至 13℃ 左右，以防胚芽过长。富钼甘蓝除基施钼肥外，也作种肥，用 1～3 克钼酸铵与 500 克甘蓝种子拌匀后播种，或用 0.03%～0.1% 的钼酸铵浸种 12 小时后再催芽。

3. 育苗

育苗床应采用肥沃、疏松、保水性良好的营养土，可选用种植葱蒜的园田土 5 份、腐熟的马粪 4 份、腐熟的粪干粉或鸡粪 1 份，分别过筛后搅拌均匀配制床土，然后 1 立方米床土加尿素 0.5 千克、过磷酸钙 1.5 千克、托布津可湿性粉剂 100 克（或 40% 多菌灵 100 克），充分搅拌均匀后，装入营养钵或纸袋内，以备分苗用。在苗床内平铺床土 5 厘米厚，在分苗床内平铺床土 10 厘米厚。

甘蓝育苗时，播种量为 450～1500 克/公顷。播种前先用温水浇透床土，然后再覆厚 0.1 厘米左右的细土，随后即可播种。播后覆细潮土 1 厘米左右，然后覆盖地膜保湿。秧苗出土前，保持土温 17℃ 以上，气温 20℃ 以上，一般经 3 天即可出苗。秧苗出土后，应立即揭膜降温降湿，以防徒长。长出 2 片真叶即可分苗。长到 4 叶时进行第 2 次分苗，苗距 8 厘米×10 厘米，分苗后及时覆盖塑料膜保湿保温，使土温保持在 8～20℃，气温保持在 25℃ 左右。缓苗后则应揭开塑料膜降温降湿，使地温保持在 12℃ 左右，气温保持在 15～18℃。在甘蓝的育苗过程中，不可长期处在 9℃ 以下，否则定植后会出现早期抽薹现象。

甘蓝壮苗标准：一般苗龄 30 天左右，株高 8～12 厘米，叶片 6～8 片、肥厚呈深绿带紫色，茎粗、紫绿色、下胚轴短，节间短，根系发达，须根多，未春化，全株无病虫害，无机械损伤。

4. 适时定植

当土壤温度达到 12℃ 以上时就可以定植。定植时采取一垄双行（一畦双行）的形式，小行距 40 厘米，株距 35 厘米，用打孔器按一定株行距打孔定植。栽苗后要浇水，待水渗透后覆土封埯，也可栽后随即封埯，稍加镇压，随后膜下暗灌，以洇湿垄台或畦面为准。

定植密度对早熟丰产的影响很大，合理密植能增产，一般早熟品种的株行距为 30～40 厘米，栽苗 52500～75000 株/公顷；中熟品种为 50～60 厘米，栽苗 30000～37500 株/公顷；晚熟品种为 70～80 厘米，栽苗 18000～22500 株/公顷较适宜。

5. 定植后田间管理

定植后要保温保湿，白天控温在 20～25℃，夜间保持在 15～25℃，同时还要保持土壤湿润。结球甘蓝生长发育需要充足的水分，在栽培中需多次灌溉，定植时灌 1 次定植水，4～5 天后灌 1 次缓苗水。接着进行中耕、控制灌水而蹲苗。到莲座期地面见干就应灌水，一直到收获前几天停止灌水，以防裂球。

富钼甘蓝栽培除以基肥为主外，还应增施追肥。特别是在结球前的莲座末期，更应重视追肥。从莲座期开始，一般每隔 7～10 天追肥 1 次，每次随水追施尿素 150～180 千克/公顷；还应重施钾肥，特别是在开始结球时最需要钾肥，用量几乎与氮肥相等。除基肥和种肥施钼外，也可根外追施钼肥，先把钼酸铵用热水溶解，再用凉水兑至 0.02%～0.05% 的溶液，在甘蓝的苗期和莲座期各喷 1～2 次，每次每亩喷施 40～75 千克。

甘蓝的病害主要有霜霉病、病毒病、黑腐病，虫害主要有小菜蛾、菜青虫、蚜虫等。对病害的防治可采用 3 年以上轮作、选用抗病品种、对种子进行消毒药剂拌种或温汤浸种以及利用百菌清、多菌灵、杀毒矾、农用链霉素等可湿性药剂防治。

6. 适时采收

当甘蓝叶球充分长大，但还未特别结球的时候，即可采收。有的甘蓝成熟度不等，可先采收大球，后采收小球，前后一般不超过1周的时间。采收时可以连根拔起，也可以用刀从地表处割下，然后去掉叶球的外叶，只留近叶球的2～3片嫩叶，然后包装上市。

据分析甘蓝的含钼量为0.01毫克/100克鲜菜以下。利用上述强化营养栽培技术可以大大提高甘蓝的钼含量，可达0.017毫克/100克鲜菜。每日食用1000克即可满足人体的需钼量。

（二）富钼菜豆栽培技术

钼肥能促进固氮作用，能把根瘤菌和其他固氮微生物对空气中氮素固定能力提高几十倍至几百倍。所以增施钼肥对一般豆科作物都能取得10％～30％的增产效果。菜豆缺钼时，植株生长不良，叶色黄绿，老叶枯萎下卷，叶缘呈焦灼状，根瘤不发达，轻度缺乏时"花而不实"，严重时植株死亡。菜豆缺钼可能是由于土壤有效钼的含量低，酸性土壤有效态钼含量低；含硫肥料的过量施用也会导致缺钼；土壤中的活性铁、锰含量高，会与钼产生拮抗，导致土壤缺钼。此时，应适当补充钼肥，增加菜豆产量和品质。

1. 整地施肥

菜豆侧根生长较弱，且怕寒潮，应深翻土壤，开好沟畦，排水透气，促进根系生长。菜豆根瘤菌不如其他豆类发达，氮、磷、钾三要素比例要合理，一般每公顷施堆沤肥15000千克、人畜粪15000千克、过磷酸钙225千克、草木灰1500千克。富钼菜豆缺钼时，可每亩基施20～100克钼酸铵或钼酸钠，其肥效可持续3～4年，不必每年施用。在酸性土壤上施用钼肥时，要结合施用石灰才能获得最好的效果。同时，钼与磷有相互促进的作用，可与磷肥混施。

2. 播种育苗

菜豆种子发芽的最高温度为35℃，最低温度为15℃。低温下发芽时间延长，易造成烂种、死苗。因此，春菜豆宜育苗移栽，不仅避免烂种，还可延长生长季节，提高产量。但菜豆根系再生能力弱，一般应采用营养钵、穴盘等护根措施育苗。富钼菜豆可用钼肥拌种，大约每千克种子用 1～2 克钼酸铵，配成 3%～5% 的钼酸铵溶液，喷在种子上，边喷边拌，阴干后即可播种。

播种前应选粒大、饱满、有光泽、无病虫和机械损伤的种子，晒 1～2 天再播。播种前用托布津 500～1000 倍液浸种 15 分钟可有效预防苗期灰霉病，用种子播种量的 0.3% 福美双拌种可预防炭疽病。

苗期应注意保温和通风换气，但菜豆幼苗对降温通风较为敏感，通风过猛，叶片蒸腾强，失水多，易干枯；骤遇低温时易使幼叶失绿发白。

3. 定植

适当密植可以提高菜豆产量。密度应根据品种、栽培季节与土壤肥力等条件而定。蔓性种的株行距，作畦宽 2 米、沟宽 0.5 米的高畦，每畦栽 4 行，两架；矮性种行距 30～40 厘米，株距 23～27 厘米或 27 厘米见方。每穴 2～4 株，一般用量 70～90 千克/公顷。

4. 定植后田间管理

菜豆对水分敏感，浇水不当容易造成茎叶生长与开花结果间争夺养分，导致落花落荚，降低产量。水分管理可依据"干花湿荚"的原则。苗期和抽蔓期控制水分；初花期一般不浇水，以防营养生长过旺而落花落荚；坐荚以后，需要很多水分和养分；结荚初期 5～7 天浇 1 次水，以后逐渐加大浇水量，使土壤水分稳定在田间最大持水量的 60%～70%。

追肥要掌握"花前少施，花后多施，结荚盛期重施"的原则。氮肥在苗期少量施用，抽蔓期至初花期视植株生长情况适量施用，生长势旺时应控制氮肥施用。开花结荚以后增施氮、磷、钾，并注意配合使用，在施用磷、钾肥条件下，增施氮肥有利于豆荚的良好发育。酸性和缺钙的土壤应适当施用石灰，且在播种前施用为好。钼肥可作为叶面肥喷施，每亩喷施 0.05%～0.1% 的钼酸铵水溶液 50 千克，分别在苗期与开花期各喷 1～2 次。叶面喷肥的具体时间应在无雨无风天的下午 4 时以后，把植株功能叶片喷洒均匀。施用时先将钼肥用少量热水溶解，再用冷水稀释到所需要的浓度。

菜豆生育后期的结荚率较低，影响后期产量。可以在菜豆盛收后连续重施追肥2～3次，保持植株良好长势，以便继续抽发花序和提高结荚率。这样可以延长采收期半个月以上，增产20％～30％。

菜豆抽蔓时要及时插竹竿搭架，一般搭人字形架，以利通风透光，促进开花结荚。引蔓工作宜在下午进行，因上午茎蔓含水多，易折断。

菜豆的主要病害有花叶病毒病、根腐病、锈病、炭疽病，主要虫害有蚜虫、豆荚螟、红蜘蛛、小地老虎、种蝇等。应注意采用综合措施防治。

5. 采收

矮性菜豆从播种至采收，春播50～60天，秋播约40天，采收期约15天，产量7.5～15吨/公顷。蔓性菜豆春播至采收60～90天，秋播需40～50天，采收期30～45天或更长，产量15～22.5吨/公顷，高的可达30吨/公顷。

菜豆对钼肥的反应较敏感。据试验，增施钼肥不仅增产，还有提高产品中蛋白质和脂肪的作用。李春花等研究表明，增施钼肥可显著提高菜豆的产量，且钼肥与硼肥有相互促进的作用，硼钼配施可增产2.67吨/公顷，果荚中钼的含量增加2％。菜豆中的含钼量也可大幅度增加，一般含量可达0.067毫克/100克鲜菜。成人每日适宜的钼摄取量为0.15～0.5毫克，每日食用强化营养菜豆300克即可完全满足人体对钼的需要。

（三）富钼番茄栽培技术

番茄缺钼时，老叶先褪绿，叶缘和叶脉间的叶肉呈黄色斑状，叶边向上卷，叶尖萎焦，下叶叶脉间生出不明显黄斑，叶向内侧呈杯状弯曲，花大多不结实而掉落。番茄中的含钼量很低，一般不把它作为钼的主要供给食品。钼含量较高的食品是肉食和粮食的壳皮部分，这些食品我国人民食用量较小，所以，人体补钼应从食用量大的蔬菜上着手。番茄中的含钼量变化很大，只要外界钼的供给量大，其含量就会加大。这为通过栽培措施增加钼含量创造了条件。

1. 整地施肥

番茄定植前对温室土壤和空间进行熏蒸消毒。定植前 1 周翻地施基肥，撒施优质农家肥 90~120 吨/公顷，深翻 40 厘米，使粪土混合均匀，耙平。按行距 1.1 米开施肥沟，再沟施农家肥 75 吨/公顷、磷酸二铵 300 千克/公顷、硫酸钾 225 千克/公顷（或草木灰 1500 千克/公顷），逐沟灌水造底墒。水渗下后再施肥沟上方做成 80 厘米宽、30 厘米高的小高畦。在酸性土壤中，钼很易被固定而失去有效性，而在碱性土壤中，钼的有效性增加。在碱性石灰质土壤中，可用土壤施钼肥的方法，把钼肥与过磷酸钙混匀，按每亩 1.5~4 克的用量施入土壤中。在钼的总含量较高，而有效态含量较低的酸性土壤中，施入石灰改良，降低其酸性，可提高有效钼的含量，有利于番茄的吸收利用。

2. 播种育苗

在日光温室内育苗。按每栽培 1 公顷地需种子 450 克左右准备种子，浸种催芽后均匀撒播于苗床中，苗床播种量 5 克/平方米左右。除土壤施肥外，可在播种前用 0.1% 的钼溶液浸种 12 小时。

幼苗具 3 片真叶前分苗，以免影响花芽分化。分苗后，日温控制在 25~28℃，夜温 18~20℃，地温 20℃左右。缓苗后通风降温，防止徒长，日温 22~25℃，夜温 13~15℃。整个苗期都应注意增强光照，定植前 1 周加大通风，日温降至 18~20℃，夜温降至 10℃左右。通常番茄幼苗日历苗龄达 70~80 天，株高 25 厘米左右，具 8 或 9 片叶，第一花序现大蕾时，即可定植。

3. 定植

番茄茎节易生不定根，适当深栽可促进不定根的发生。定植时在小高畦上，按 50 厘米行距开两条定植沟，按 33 厘米株距摆苗，先培少量土稳坨，浇定植水，水渗下后合垄。两行中间开浅沟，沟的深浅宽窄要一致，作膜下灌水的暗沟。定植密度一般为 55500~60000 株/公顷。

4. 定植后管理

定植后高温高湿条件下促进缓苗。中午温度超过 30℃ 时可遮光降温。缓苗后，日温降至 20～25℃，夜温降至 13～17℃，以控制营养生长，促进花芽的分化和发育。进入结果期宜采用"四段变温管理"，即上午见光后使温度上升至 25～28℃，促进植株的光合作用；下午植株光合作用逐渐减弱，可将温度降至 20～25℃；前半夜为促进光合产物运输，应使温度保持在 15～20℃，后半夜温度应降到 10～12℃，尽量减弱呼吸作用。

番茄生长期长，产量高，对养分需求量大，吸收养分以氮、钾为主，磷较少。每生产 1000 千克番茄，需吸收氮（N）2.8～4.5千克、磷（P_2O_5）0.5～1.0 千克、钾（K_2O）3.9～5.0 千克。施肥时幼苗期应全面供应氮、磷、钾，第一穗果的盛花期应逐渐增加氮、钾营养。

冬春茬番茄第一穗果膨大期一般不浇水，灌水会造成地温下降，诱发病害。如果土壤水分不足，可选择稳定晴暖天气的上午浇1 次水，水量不宜太大。

冬春茬番茄栽培，施基肥较多，第一穗果采收前可不用根部追肥。缓苗后每周喷施 1 次叶面肥效果较好，可选用 0.2%～0.3%的磷酸二氢钾溶液。第二穗果长至核桃大小时，结合灌水进行第 1次根部追肥，施磷酸二铵 225 千克/公顷、硫酸钾 150 千克/公顷或三元复合肥 375 千克/公顷。结合灌水，在第 4 穗果、第 6 穗果膨大时分别根部追 1 次肥。叶面追肥继续进行，在盛果期前每 10～15 天 1 次，连喷 1～2 次即可，此时可用钼肥的 $3×10^{-6}$ 溶液叶面喷施，补充钼肥。番茄植株长到一定高度不能直立生长，需及时吊绳吊蔓，将主茎缠到尼龙绳上。

番茄落花落果现象比较普遍，有时幼果也容易脱落，对早熟和丰产影响很大。防治落花落果，从根本上必须加强栽培管理，培育壮苗，适时定植并注意根系保护，加强肥水管理，防止土壤干旱及积水，保证营养的充分供应，防止过多偏施氮肥，及时进行植株调整等。在生产中施用生长素可以有效防止落花、促进结果。在国内生产中多采用浓度为 25～50 毫克/升的对氯苯氧乙酸（PCPA、番茄灵）和浓度为 20～30 毫克/升的番茄丰产剂 2 号等生长调节剂处理进行保花保果。

为获得高产，需要疏花疏果。大型果品种每穗留果 3 或 4 个，中型果品种每穗留果 4 或 5 个，疏花疏果分两次进行。当结果部位上移后，基部叶片已老化，失去生理功能，也容易传播病虫害，应及时摘除。

5. 采收

番茄以成熟果实为产品，果实成熟分为绿熟期、转色期、成熟期和完熟期 4 个时期，采后长途运输 1～2 天的可在转色期采收；采后就近销售的，可在成熟期采收。作为强化营养型蔬菜生产中应减少激素类化学物质的残留，提高果实品质，不应采用生长调节剂进行催熟处理。

番茄对钼的反应不敏感，施钼肥后增产效果不明显。但施钼后番茄内的含钼量却会明显提高，有利于人体补钼。据试验，小麦生长期喷钼肥 $12×10^{-6}$ 亦未发生中毒症状，所以上述番茄施用浓度是安全的。成人每日适宜的摄取量为 0.15～0.5 毫克，中毒剂量为 10～15 毫克/日。在番茄强化营养栽培中的施钼量距离此数甚远，故一般不会发生植株中毒和人体中毒。

七、富铁蔬菜栽培技术

铁（Fe）是人体必需的微量元素，成年人体内含铁量为 4～5 克，约占体重的十万分之四。在人体中它也是含量最丰富的微量营养元素，参与身体中的多种生理代谢活动，且以多种形式保持人体的动态平衡。缺铁可引起多种组织改变和功能失调，出现诸如疲劳、注意力不集中、失眠、神经机能紊乱、食欲不振、易烦躁、抵抗力下降、缺铁性贫血等症状。

我国居民传统的膳食以谷物、薯类、蔬菜等植物性食物为主，加以少量的肉类，动物性食物相对较少。动物性食品中铁、锌等微量元素含量较高，而禾谷类作物的微量元素含量较低，且在粉碎等加工过程中还会有许多损失，这就使得此类食品中微量元素的含量和有效性更低，远远不能满足人体的需求。寻求一种经济有效、安全的补铁途径，对于改善人体营养具有重要的实际意义。蔬菜是人类的主要食物之一，是不可替代的重要副食品，它为人类提供丰富、廉价的各种维生素、矿物质和纤维素，是人体补充各种营养元素的重要途径。因此，我们可以推广富铁蔬菜的栽培技术以及提高蔬菜体内铁的含量，从而改善人体内铁营养状况。

（一）作物缺铁症状

铁与叶绿素的形成有密切的关系，所以作物缺铁主要表现叶片失绿黄化，甚至变成白色。铁在植物体内是不易移动的元素，所以作物缺铁时，首先在作物的顶端等幼嫩部位表现出来，由于土壤中有效铁的含量与土壤酸碱度及土壤碳酸钙含量有关，土壤偏碱、碳酸钙含量偏高，铁的有效性就会降低。所以我国北方作物缺铁的现象较南方更为常见。

下面介绍一些主要作物的缺铁症状。

（1）苹果　新梢顶端的叶片变为黄白色，有时叶脉仍旧保持绿色，严重时叶片边缘渐干枯变褐而死亡脱落。新梢幼嫩部分有时也因缺铁而干枯形成"枯梢"现象。

（2）大豆　上部叶脉间失绿黄化，叶脉仍旧保持绿色并有轻度卷曲。严重缺铁时整个叶片变成白色，叶子的边缘出现褐色斑点状坏死组织。

（3）马铃薯　顶端叶片轻微失绿，并向全株扩展，随着缺铁时间的延长，顶部叶片变成黄白色并向上卷曲，叶子边缘有时出现褐色坏死斑块，下部叶片仍维持绿色。

（4）番茄　顶端的幼叶失绿呈黄白色，叶脉仍保持绿色，叶片及茎部出现灰黄色斑点。早期缺铁影响花序发育，中后期缺铁影响果实发育，常出现畸形果，小果。

（5）烟草　顶端嫩叶叶脉间呈淡白绿色，严重时整个顶芽变成白色，叶脉同时失绿。

（6）甜菜　新生叶片较小，出现失绿的花斑，其他叶片呈黄绿色，老叶微红。

(7) 玉米　幼叶脉间失绿呈现整齐的条纹状，中、下部叶片出现黄绿色条纹，老叶略呈棕色。严重时新叶变成白绿色。失绿均匀，一般不出现坏死斑点。

（二）蔬菜富铁方式

蔬菜富铁方式可分为叶面喷施富铁法、土壤施肥富铁法、植物育种或基因改良法等。

1. 叶面喷施富铁法

用 0.2%～0.5% 硫酸亚铁溶液进行叶面喷施。每隔 10 天左右喷 1 次（至少 2～3 次）。由于硫酸亚铁在溶液中也易被氧化，所以应在喷洒时配制，不能存放。配制成的硫酸亚铁溶液应为淡绿色没有沉淀，如溶液变成赤褐色或产生大量赤褐色沉淀，说明低铁已经氧化成高铁，喷施后也不会有好的效果。叶面喷施的优点除可避免土壤反应而失效，能直接被植物吸收，从而收效快以外，还可以节省肥料用量，这对昂贵的配合铁肥尤为重要。除此外，尿素铁、黄腐酸铁二铵和铁代聚黄酮类化合物等都可以用作叶面喷施。

叶面喷施的方法可以用于一年生作物，也可用于多年生木本作物。

2. 土壤施肥富铁法

铁肥的施用宜根据铁肥种类、作物对象与土壤条件，采取适当的方法。用无机铁肥施入土壤，必须加大用量，否则很难收到效果。缺铁土壤 pH 多偏高，铁肥中释放出来的铁可在土壤中很快变成无效态。虽然其他几种微量元素，如 Zn、Mn、Cu 与硫熔合施用可以提高其有效性，但用这种方法对铁却很少有作用，如加大铁肥用量，例如每亩施硫酸亚铁 200 千克，可望收到矫正缺铁症的效果。国外以聚磷酸盐液体肥料为载体可以提高铁肥有效性。

有机铁肥施入土壤的效果显著优于无机铁肥，尤其是配合态铁，对防治缺铁失绿病最有效，但后者对大田作物经济上不一定合算，一般对果树采用。在某种情况下柑橘每株施 12～24 克配合态铁肥就可以收到明显效果，配合态铁亦可和其他化肥混合施用。把无机态铁混入各种有机肥料集中施用，或做成腐殖酸铁施用，亦可比单纯施用无机态铁肥有效。

国外配合态铁有不同品种，Fe-EDTA 最早投入生产，它在酸性土壤上稳定而有效，但在碱性黏质土壤具有过量石灰的情况下不够稳定，因此对 pH 值较高的土壤最好用 Fe-EDTA，pH 值很高的土壤最好用 Fe-EDDHA。

配合态铁的用量，对果树一般每株用 10～20 克铁，在钙质土壤上可高到 100 克铁甚至更高，用量越高越不经济。大田作物如果施用，控制在每亩 50～100 克铁。配合铁在土壤中可维持 1～3 年的后效。

随灌溉水向土壤中施铁肥往往能收到较好的效果，因为铁可随水送到根系表面，在有灌溉条件的情况下值得采用。

3. 植物育种或基因改良法

采用植物育种或基因改良生物强化植物/作物中的微量元素含量和其生物有效性的方法来矫正人体微量元素失调是解决人体铁等微量元素缺乏的新措施。常规杂交是育种家们常用也是改良品种特性最有效的手段。研究表明，遗传基因控制着植物本身生长和微量元素的吸收与积累，因而育种家们可用与富铁品种进行杂交等常规选育手段，借助轮回选择培育铁含量高的作物品种。

（三）铁肥的品种与性质

铁肥是指以提供植物铁素养分为主要目的的肥料。下面是目前最常用的铁肥介绍。

1. 硫酸亚铁（绿矾、铁矾）

硫酸亚铁的分子式为 $FeSO_4 \cdot 7H_2O$，有效组分含量铁为 16.5%～18.5%，硫为 8%～10%；为淡绿色或蓝绿色固体，有腐蚀性，是最常用的铁肥。

2. 硫酸亚铁铵

硫酸亚铁铵分子式为 $FeSO_4 \cdot (NH_4)_2SO_4 \cdot 6H_2O$，有效组分含量铁为 14%（氮为 7%，硫为 16%）。性状为淡蓝色固体，约在 100℃时失去全部结晶水，所以在使用前注意观察性状，跟硫酸亚铁同为主要铁肥之一。

3. 黄腐酸二胺铁（黄腐酸铁）

分子结构目前尚未研究清楚，主要组分为氮、铁的配合有机物。有效 Fe 含量 $0.2\% \sim 0.4\%$，为黄棕色液体，易溶于水。是常用铁肥。

4. 尿素铁配合（三硝酸六尿素合铁）

尿素铁配合物中有效组分含量铁为 9.2%（氮为 34.8%），其为天蓝色颗粒，吸湿性小，不易挥发，易溶于水。也是常用铁肥之一。

（四）富铁蔬菜栽培技术

人类所有营养最初来源是农业产品，因此通过农业措施增加作物可食部铁含量和提高生物有效性是行之有效的措施，不仅投资少、见效快，而且覆盖面大（尤其是贫穷地区），能提供多种元素，达到平衡营养。因此改善土壤中的铁营养，生产富铁蔬菜具有重要意义。

通过使用铁肥，可使黄瓜的铁含量由贫瘠土壤中的 0.34 毫克/100 克鲜菜提高到 1.1 毫克/100 克鲜菜；西葫芦铁含量由缺铁土壤中的 0.14 毫克/100 克鲜菜提高到 0.4 毫克/100 克鲜菜；番茄铁含量由一般土壤中的 0.38 毫克/100 克鲜菜提高到 0.5 毫克/100 克鲜菜；芹菜铁含量由贫瘠土壤中的 0.30 毫克/100 克鲜菜提高到 6.2 毫克/100 克鲜菜；由此可见，在栽培中增施铁肥，能大大增加作物铁含量，有增加人体营养的作用。

下面列举一些常食用蔬菜的栽培技术。

1. 富铁芹菜栽培技术

芹菜的含铁量在蔬菜中为较高水平者，在人体铁营养供应中属于一般来源供应者。个别的品种如欧芹，其含铁量在食品中为佼佼者。在栽培中适当施用铁肥，能进一步提高芹菜的含铁量，强化其营养成分。

硫酸亚铁等铁肥不宜土壤施用，以根外追肥为好，一般用硫酸亚铁的 0.2% 液喷布于植株叶面。铁在叶面传送到叶内的量较少，应多次喷布。可在定植缓苗后，每 10~15 天 1 次，连喷 2~3 次。

芹菜越冬栽培时正值寒冬，地温低，根系吸收能力弱；加上追施的铵态氮肥多，硝化过程缓慢，土壤 pH 值升高等因素，影响了铁肥的吸收，故亦有可能出现缺铁现象。所以，冬季芹菜施铁肥有益无害。

据分析芹菜通过施铁肥可使含铁量由 0.3 毫克/100 克鲜菜提高到 6.2 毫克/100 克鲜菜。成人每日摄铁量 10 毫克，故每日食用芹菜 200 克即可满足人体需求。

2. 富铁洋葱栽培技术

洋葱的含铁量在蔬菜中属上等水平，多数蔬菜的含铁量不高，在人体的铁营养供应中属微量来源供应者。洋葱中的含铁量与土壤中的有效铁含量关系密切。在微碱性或碱性土壤中，有效铁的含量较低，所以，施铁肥对洋葱生长很有必要。

目前施用的铁肥有硫酸亚铁、木磺酸铁、石炭酸铁及铁的配合物。铁的配合物在土壤中很稳定，有效性高，施用效果好，但价格较高，国内应用较少。无机铁的价格低廉，但在土壤中易被固定而降低有效性，所以在微碱和碱性土壤中不宜应用。

施铁肥的有效而价廉的方法是叶面喷施。一般用硫酸亚铁的 0.2% 液喷布于作物叶面上。由于洋葱叶面吸铁能力较弱，故应多次喷布。从春季返青后，每 10~15 天 1 次，连喷 3~4 次即可。

通过施铁肥后，洋葱的含铁量由不足 1 毫克/100 克鲜菜提高到 1.42 毫克/100 克鲜菜。成人每日摄入铁 10 毫克，故日食用 700 克洋葱即可满足人体对铁的需求。

3. 富铁西葫芦栽培技术

西葫芦的含铁量在蔬菜中属中等水平，是人体铁的微量来源之一。西葫芦中的含铁量与土壤中有效铁的含量呈正相关关系。由此，可判断利用栽培技术增施铁肥，可使西葫芦的含铁量大幅度提高，更有益于人体健康。此外，亦有提高西葫芦产量的作用。

多数含铁量适中的地区，露地栽培施铁肥效果不十分显著。但在冬、春保护地栽培时，由于地温较低，西葫芦根系的吸收功能不强，加上铵态氮转化的速度慢，土壤 pH 值增高，降低了铁的有效性，所以西葫芦仍有缺铁的因素存在。故在西葫芦越冬栽培和春早熟栽培中，应增施铁肥，生产含铁量高的西葫芦食品。

西葫芦施铁肥一般用硫酸亚铁 0.2% 的水溶液喷布于植株叶面。铁从叶面传送到叶子里面很少，故应采用多次喷施的方法方能奏效。最好是从西葫芦定植后，每 10～15 天 1 次，连喷 4～5 次。

增施铁肥后使西葫芦含铁量由 0.14 毫克/100 克鲜菜的低水平，提高到 0.4 毫克/100 克鲜菜的中等水平。成年男子每日摄食 10 毫克铁，如每日吃 500 克西葫芦，即可满足人体 1/5 的铁需要量。

八、富锌蔬菜栽培技术

锌是植物生长发育必需的营养元素，也是人和动物所必需的元素，又称生命元素。成人每日需摄取 15 毫克的锌，方能满足人体需要。缺锌会影响人体的正常生长发育，包括对生殖功能的影响、减弱人体对疾病的抵抗力、降低免疫力、加速人体老化等。最新的研究表明，缺锌还会影响消化系统，出现厌食、腹泻等症状。甚至在人体血清锌降低时，可导致食管癌、胃癌、肝癌、大肠癌等消化系统肿瘤。我国人民以素食为主，所以缺锌状况较普遍且严重。我国土壤全锌含量为 $(100\sim300)\times10^{-6}$，少的不足 3×10^{-6}，多的可达 790×10^{-6}，平均为 100×10^{-6}，总的趋势是南方酸性土壤中含锌量高于北方石灰性土壤。黄土高原和华北平原地区土壤中锌含量不高，农作物中锌含量较少，单纯依靠面、菜为食，则锌缺乏症在所难免。因此，利用强化营养栽培技术增加蔬菜锌的含量，对改善我国人民身体锌的供应状况有重大意义。

研究发现，在根菜、叶（茎）菜及果菜等几大类蔬菜作物中，叶（茎）类蔬菜体内的锌含量最高，像大白菜、小白菜、甘蓝、蕹菜、红菜薹、花椰菜、菠菜等，都是富锌蔬菜。叶（茎）类蔬菜的叶片比茎秆含锌量高。相关试验结果表明，食用富锌蔬菜后体内血清含锌量高于服用补锌药物，这说明吃富锌蔬菜的补锌效果较为显著，而且优于药物补锌。因此，发展富锌蔬菜，开展富锌蔬菜的应用研究并大力推广意义深远，且前景十分广阔。据韩燕来等（2000年）报道，蕹菜生长期间喷施浓度为 0.05% 的硫酸锌溶液 1～2次，既可提高蕹菜产量，同时增加了蕹菜茎叶中的锌含量，使人们可以通过食用富锌蔬菜来补充锌元素，预防人体缺锌。

（一）蔬菜缺锌症状

自 20 世纪 60 年代以来，各种作物先后出现缺锌症状。随着高产品种栽培的全面推广，种植集约化程度加强，高纯度化肥施用逐渐增多，作物缺锌程度不断呈增加趋势。以几种蔬菜缺锌症状为例，番茄缺锌时，叶片很小，失绿、生长不正常，常呈现出皱缩，叶柄有褐斑并向后卷曲，受害叶片迅速死亡，几天内全部叶片萎落。芥菜缺锌时，常表现为叶片不正常，而且小、发黄或斑枯等。蔬菜中以南瓜缺锌时受害最严重，一旦缺锌嫩叶生长不正常，芽呈丛生状、生长受到抑制。通过施用锌肥后效果显著，植株生长正常，缺锌症状得到明显改善，蔬菜产量得到提高。到 20 世纪 90 年代，锌肥已成为我国施用面积较广、有较大经济效益的一种微量元素肥料。

（二）蔬菜富锌方式

市面上的锌肥品种有硫酸锌、氯化锌、碳酸锌、硝酸锌、氧化锌、硫化锌、螯合态锌、含锌复合肥、含锌混合肥和含锌玻璃肥料等。其中以硫酸锌和氯化锌为常用，氧化锌次之。锌肥施用方式包括基施、追施、叶面喷施、浸种、拌种等，即土壤栽培富锌法、叶面喷施富锌法、拌种富锌法、浸种富锌法等。一般来说，叶面喷施富锌法效果最好。依据土壤条件、作物种类并掌握锌肥施用技术，锌肥才能充分发挥作用，从而使蔬菜达到富锌效果。

1. 土壤栽培富锌法

土壤栽培富锌法即传统的土壤施锌，是一种简单的富锌方式，即是在土壤中施用锌与氮磷钾的复合肥。在不同的环境条件、生长状况下，施用锌的方式也不同。对于缺锌土壤，锌肥作基肥效果显著高于追肥。不仅对当季作物有效，而且还有后效，肥效可持续

1～2年。作物缺锌症状多发生在生长初期，锌肥基施能满足作物生长前期对锌的需要，其用量一般为硫酸锌0.75～1.0千克/亩。由于用量较少，锌肥可与有机肥混施或拌到复合肥中施用。相关试验证明，施用锌肥不但能矫正缺锌症状，也可提高番茄的维生素C含量，同时对番茄植株色氨酸含量和蛋白质生产有一定影响。水稻最好将锌肥施于秧田。锌在土壤中不易移动，应施在种子附近，但不能直接接触种子。锌肥可与生理酸性肥料混施，但不宜与磷肥混施。对于严重缺锌土壤，土壤施锌可使作物产量成倍增长。

2. 叶面喷施富锌法

土壤施锌量大、投资高，拌种不易操作，且拌种与土施锌均易污染环境，因此，在生产中其应用受到限制。低锌区通过叶面喷锌的方式补充锌的不足具有操作方便、经济有效、安全无污染等优点，得到广泛的应用。蔬菜类均可采取叶喷的方法施用锌肥。一次性收获的菜类，在苗期或生育前期叶喷效果较好。分期收获的茄果类蔬菜要增加叶喷次数，一般要多喷2～3次，每次相隔10天左右。叶喷时可同三十烷醇等生长素混合施用，增产效果好。蔬菜叶喷硫酸锌浓度为0.2%～0.3%。

相关研究发现，基于充足的有效锌对作物早期发育的重要性，叶面喷施锌肥增产效果不及土施，但对作物锌含量的提高效果优于土施。比如国内外相关研究结果证明，锌肥叶面喷施比土施能更有效地提高小麦籽粒锌含量。水稻施锌试验结果与此相似，叶面喷施锌肥使水稻籽粒锌含量提高25%，而土施锌肥仅使其提高2.4%。

3. 浸种、拌种富锌法

在农业生产中，浸种、拌种技术被广泛应用。一般浸种时可用0.02%～0.05%的硫酸锌液浸种12小时，从溶液中取出，待种子干后，可农药处理增强抗病性。拌种时每千克种子拌40克锌肥为宜，不同蔬菜作物锌肥用量可能有所差异。拌种的关键是稀释锌肥的用水量，拌种过湿，影响播种质量，用水过少时，锌肥不能全部溶解，拌不均匀影响肥效。用水以使锌肥能完全溶解为宜，一般锌肥与水的比例为1∶2较合适。即50克锌肥加100克水。拌种时，要视种子量多少而确定拌种方法，种子量少时，可用手持喷雾器喷洒锌液，种子量多时，可用背负式喷雾器或机动喷雾器喷洒。不论采用哪种方法，都要把锌肥的溶液均匀地喷洒到种子上，一边喷洒，一边搅拌，做到上下均匀一致，使每粒种子表面都沾上锌肥溶液。拌好的种子要放在背阴处，稍加阴干即可播种。

（三）锌肥施用注意事项

1. 锌肥选择

硫酸锌是我国目前最常用的锌肥，易溶于水，水溶液的 pH 值近中性，适用于各种施用方法。但其易吸湿，应注意防潮。此外，含锌工矿废渣、污泥以及一些有机肥料和草木灰等，也含有少量锌，也可补充部分锌用量。但要注意矿渣中的有害物质造成不良后果。

2. 锌肥施用时不能与磷肥混用

锌与磷有拮抗作用，容易形成磷酸锌沉淀物，不但降低锌肥的有效性，而且也降低磷肥的有效性。锌肥要与干细土或酸性肥料混合施用，撒于地表，随耕地翻入土中，否则将影响锌肥的效果。锌肥表施效果较差，故追肥施用时需开沟施用后覆土。

3. 锌肥不能与碱性肥料农药混用

锌肥与石灰、草木灰、氨水等碱性肥料混合，表现为带酸性的离子与碱性离子发生化学反应而降低肥效。同样，锌肥与波尔多液、石硫合剂、松脂合剂等碱性农药混合，锌和农药的有效性均随之下降。

4. 锌肥不能连年施用

锌肥有一个特性，一般施用后当年见效甚微，施后第 2 年才能充分发挥肥效，这就是人们所说的"锌肥有后效"，所以锌肥不需要连年施用，一般以隔年施用效果好。

5. 严格控制用量

锌肥是微肥不能过量施用，作物对它的需要量较少，施用量过大会对作物产生毒害作用，进而影响人畜健康。

九、富钙蔬菜栽培技术

钙是人体中含量最多的矿物元素，被称为生命元素，占体重的1.5%～2%，成人的体内钙总量可达1200～1300克，其中99.7%存在于骨骼和牙齿中，0.2%～0.3%存在于软组织、组织间液和血液中。由于1,25-二羟基维生素D_3、甲状旁腺激素、降钙素、雌激素与睾酮等数种激素的联合调解作用，人体的血钙水平恒定地维持在2.5毫摩尔/升（2.25～2.75毫摩尔/升）。每当提及钙的作用，人们便自然地想到骨质疏松、佝偻病、骨钙流失，其实钙在人体内的作用是很广泛的。它除维持骨骼动态平衡外还参与生命的新陈代谢，从肌肉收缩、心脏跳动到大脑思维活动，以及内分泌、免疫系统都离不开钙的参加。

钙素在人体中的作用非常重要，尤其对小孩和老年人。那么，在日常生活中我们该如何高效健康的补钙呢。说到补钙，人们可能马上会想到牛奶，或者煲骨头汤。实际上，生活中很多其他食材也有补钙作用，而且补钙效果还挺好，绿色健康（比如蔬菜）。

有营养专家表示，蔬菜不仅含有大量的钾、镁元素，能帮助维持酸碱平衡，减少钙流失，其本身也含有丰富的钙。绿叶蔬菜中的小油菜、小白菜、芥蓝、芹菜等，都是很好的补钙蔬菜。另外，常说牛奶是最佳补钙品，有很多专家并不认同，因为如果按照营养密度来计算，牛奶的补钙效益或许还不如青菜。数据显示，100克全脂牛奶所含的能量约为54千卡，含钙104毫克；而同样的100克，小油菜含能量约为15千卡，含钙量却高达153毫克。按照钙营养素密度来计算，全脂牛奶为104/54＝1.9，而小油菜是153/15＝10.2，蔬菜完胜。按照同样的食用量来说，对于供应骨骼健康所需的矿物质来说，绿叶蔬菜可能是更好的食物。而且，小白菜、小油菜、羽衣甘蓝等甘蓝类蔬菜中含草酸较低，对钙的吸收利用妨碍较小，只要有充足的阳光照射，得到足够的维生素D，其中的钙就可以充分实现其营养价值。因此研究富钙蔬菜的栽培技术对农业生产具有非常重要的意义。

（一）蔬菜缺钙症状

钙肥缺乏主要引起作物体内代谢失调，一般碱性土壤容易缺钙。缺钙时，植株生长受阻，节间较短，植株矮小，柔软；幼叶卷曲畸形，脆弱，多呈缺刻状，叶缘发黄，逐渐枯死，叶尖有黏化现象；不结实或很少结实，叶球干烧心，果实脐腐等。几种蔬菜缺钙症状如下。

（1）大白菜缺钙　叶缘腐烂，内叶边缘水浸状至褐色坏死，干燥时似豆腐皮状，又名干烧心、干边和内部顶烧症。

（2）番茄缺钙　幼叶顶端发黄，植株瘦弱，萎蔫，叶柄卷缩，顶芽死亡，顶芽周围出现坏死组织，根系不发达，根短，分枝多，褐色。果实易发生心腐病或空洞果。

（3）黄瓜缺钙　叶缘、叶脉间呈白色透明腐烂斑点，严重时脉间失绿，植株矮化，嫩叶上卷，花小呈黄白色，瓜小质差。

（4）莴笋缺钙　生长受抑制，幼叶卷曲畸形，叶缘呈褐色至灰色，严重时幼叶从顶端向内部逐渐死亡，死亡组织呈灰绿色。

（5）芹菜缺钙　幼叶早期死亡，叶柄生长细弱，叶色灰绿，生长点死亡，小叶尖端叶缘扭曲、变黑。

（6）甘蓝缺钙　叶缘卷曲、失绿，有白色条斑，生长点死亡；心叶边缘水浸状至褐色死亡，生长点死亡。

（7）胡萝卜缺钙　叶片失绿，坏死，最终死亡，心叶水浸状腐烂，叶片稀疏。

（二）钙肥种类

（1）石灰石　含碳酸钙95％～98％，石灰石磨碎后通过1.5毫米筛孔即成石灰石粉。适量施用不会造成土壤碱性过高。

（2）石膏　含硫酸钙80％以上，农用石膏是将石膏矿石粉碎后通过0.25毫米孔径筛而成的，为白色或灰白色粉末。除为作物提供钙素营养之外，还可提供硫。

（3）硝酸钙　含水溶性钙19％，含氮15.5％，极易吸湿，储存时注意密封，水溶液呈酸性。

（4）石灰　包括生石灰和熟石灰，为生产上常用钙肥。石灰石经煅烧即成生石灰，含氧化钙 90%～96%，强碱性，吸湿性很强，中和土壤酸度的能力也很强。过量施用会导致栽培土壤中铁、锰、锌、铜、硼等养分的有效性下降，甚至诱发营养元素缺乏症，不利于蔬菜生长。生石灰吸水后就转变成熟石灰，吸水时释放大量的热量，又称消石灰，含氢氧化钙 70%左右，强碱性，中和土壤酸度的能力弱于生石灰。施用石灰有利于减轻病害，增加产量，改善品质，提高土壤 pH 值和改善土壤结构。在酸性强的土壤中，石灰能消除铝的毒害，能增加土壤胶体表面对钙的吸附量，使土壤结构的稳定性、通气性和透水性得到改善，并促进土壤有益微生物的活动，加速有机质的分解及养分释放，增加土壤中磷的有效性，使作物能正常生长和发育。石灰是一种强碱性物质，能杀死土壤中的病菌和虫卵，还可消灭杂草。

（三）富钙蔬菜栽培技术

1. 土壤栽培蔬菜富钙法

土壤栽培富钙法即传统的土壤施钙，是一种简单的富钙方式，即是在土壤中施用钙与氮磷钾的复合肥。在不同的环境条件、生长状况下，施用钙的方式也不同，对土壤酸性较重的大棚，采用基肥施用方法，于扣棚时结合施用有机肥，亩施 100 千克熟石灰或草木灰 50 千克，对调节土壤酸度有十分重要的作用。具体做法是将有机肥和熟石灰或草木灰撒匀，均匀地施于地面后，翻耕于地下。对蔬菜生长前期不缺钙而生长旺季缺钙的，可采用追肥的方式。具体做法是选晴天上午揭开地膜一端，用小锄开沟深 10 厘米，将肥料追施于沟底后浇水，待水下渗后覆土盖膜，或直接浇肥水，即将肥料按每 100 千克溶解于 1000 千克水中，开沟追喂，水渗后覆土盖膜。

石灰的施用量与土壤类型、酸碱度、作物种类和施用目的有关。一般每亩施用 40～80 千克的生石灰或熟石灰较为适宜。旱地红壤等酸性强的土壤施用石灰效果较好，应多施（100～150 千克），微酸性和中性土壤可少施或不施。质地较沙的土壤，石灰用量应适当减少，一般每亩施 30～60 千克。石灰可以作基肥和追肥，但不宜作种肥。作基肥在整地时将石灰和农家肥一起施入，也可以结合绿肥压青进行。菜地每亩施石灰 50～70 千克，如用作改土，每亩应施 150～250 千克。在缺钙的土壤上种植大豆、块根类等喜钙蔬菜时，每亩用石灰 12～25 千克，沟施或穴施。萝卜、白菜等十字花科蔬菜，在幼苗移栽时用石灰和有机肥混匀穴施，还可有效防止根肿病。作追肥，整地时未施石灰作基肥，可在蔬菜生育期间追施石灰，条施或穴施，每亩 15 千克。值得注意的是：石灰不宜施用过量，施用时要均匀。采用沟施、穴施时应避免与种子根系接触。施用石灰必须配合施用有机肥和氮、磷、钾肥，但不能将石灰和人畜粪尿、铵态氮肥等酸性物质混合储存和使用，也不要和过磷酸钙混合储存和施用。石灰有 2～3 年残效期，第 1 次施用量较多时，第 2、第 3 年的施用量可逐渐减少，然后停施 2 年再重新施用。

2. 叶面喷洒富钙法

叶面喷施是非常重要的补钙方式，可以直接给果实补钙，减少因为钙倒流而造成的果实缺钙，减少蔬菜脐腐病、裂果病等缺钙生理性病害。但叶面钙肥很多都是氮磷钾加点钙，或者氨基酸、腐植酸等类型的钙肥，无法起到很好的补钙作用。叶面钙肥要求液体钙，纯钙不含氮，不含激素，吸收利用率高等，安全性好，可以与农药进行混配，打药的时候加入"微补盖力"，补钙，增加抗病力，提高蔬菜品质。

在蔬菜生产中，可选用氯化钙和硝酸钙作为喷肥，浓度 0.3％～0.5％，一般每隔 7 天左右喷 1 次，连喷 2～3 次可见效。西红柿宜喷在开花时花序上下的 2～3 叶片上，大白菜在开始进入结球期时喷钙，另外在喷钙时加入生长素类物质，可促进钙的吸收。另外可以结合防病喷药采用叶面喷施的方式进行追肥，追肥浓度一般以 0.3％～0.5％为宜，效果也不错。一般可喷施 0.1％～0.2％的硝酸钙或 1％的过磷酸钙，隔 15 天左右喷 1 次，连喷 3～5 次。

3. 拌种富钙法

在农业生产中，拌种技术被广泛应用。使用钙镁磷肥拌种，既能保证蔬菜早期生长的营养供应，又能增强其抗病能力。因此，拌种有助于蔬菜作物对钙的吸收和利用，对钙素的富集打下基础，当然，不同蔬菜品种、同种蔬菜不同基因型之间其富钙能力不同。研究表明，低产土壤用钙镁磷肥拌种有明显增产作用，尤其对播种期较迟的晚大豆，保产是可靠的。具体拌种方法：先用稀泥巴拌豆种，然后撒上钙镁磷肥混拌，做成"糖豆子"，使每粒豆种都粘有磷肥，然后播种。要求随拌随用，否则容易使磷肥脱落。豆种：钙镁磷肥：稀泥巴＝1：1：0.1。

十、我国富硒钼锌铁钙产品标准概述

（一）我国富硒钼锌铁钙含量标准分类（表 3-1～表 3-5）

表 3-1　食品营养强化剂使用卫生标准（国家卫生标准 GB 14880—2012）硒部分　单位：微克/千克

品种	大米及其制品	小麦粉及其制品	面包	饼干	含乳饮品
指标	140～280	140～280	140～280	30～110	50～200

表 3-2　常见食物中钼的含量　单位：微克/千克

品种	黄豆	绿豆	玉米	马铃薯	白萝卜	茄子	西红柿	黄瓜
指标	7660.9	5451.1	469.1	198.0	113.8	153.2	44.6	94.4

表 3-3　食品营养强化剂使用卫生标准（国家卫生标准 GB 14880—2012）锌部分　单位：毫克/千克

品种	大米及其制品	小麦粉及其制品	面包	饼干	谷物	豆粉	果冻
指标	10～40	10～40	10～40	45～80	37.5～112.5	46～80	10～20

表 3-4

表 3-4　食品营养强化剂使用卫生标准（国家卫生标准
GB 14880—2012）铁部分　单位：毫克/千克

品种	大米及 其制品	小麦粉及 其制品	面包	饼干	谷物	豆粉	酱油	果冻
指标	14～26	14～26	14～26	40～80	35～80	46～80	180～ 260	10～ 20

表 3-5　食品营养强化剂使用卫生标准（国家卫生标准
GB 14880—2012）钙部分　单位：毫克/千克

品种	大米及 其制品	小麦粉及 其制品	面包	饼干	谷物	豆粉	果冻
指标	1600～ 2000	1600～ 2000	1600～ 3200	1670～ 5330	2000～ 7000	1600～ 8000	390～ 800

（二）我国富硒产品地方标准

1. 湖北省富硒食品地方标准（表 3-6）

表 3-6　富硒食品含量标准（湖北省地方标准：DB 42/211—2002）

食品名称	含硒量/（毫克/千克）
谷，粟类制品	≥0.1
肉类（畜，禽，水产）	≥0.2
液态奶类	0.025
果蔬类（不含蔬菜汁）	0.01
咸菜类（生姜，大头菜，辣椒，萝卜等腌制品）	0.05～1
茶叶	0.3～5
饮料类	0.01～0.05
豆类食品	≥0.01
蛋类	≥0.2
固态奶类	≥0.08
干菜类（香菌，木耳，薇菜，黄花）	0.15～1
干果类（核桃，板栗等）	0.1～0.5
绞股蓝	0.3～5
酒类	0.01～0.05

2. 陕西安康市富硒食品硒含量分类标准 (DB 6124.01—2010)

（1）范围　本标准规定了富硒食品中硒含量指标及检验方法。本标准适用于各类食用农产品及加工食品。

（2）规范性引用文件　下列文件中的条款通过本标准的引用成为本标准的条款，凡是注日期的引用文件，其随后所有修改单（不包括勘误内容）或修订版均不适用于本标准，然而，鼓励根据本标准达成协议各方面研究是否可使用这些文件的最新版本，凡是不注日期的引用文件，其最新版本适用于本标准。

GB 2762 食品中污染物限量

GB/T 5009.93 食品中硒的测定

GB/T 21729 茶叶中硒含量的检测方法

GB/T 5720.6 生活饮用水标准检验方法金属指标

GB/T 8538 饮用天然矿泉水检验方法

NY/T 22499 富硒稻谷

NY/T 600 富硒茶

NY 861 粮食（含谷类、豆类、薯类）及制品中铅、铬、镉、汞、硒、砷、铜、锌八种元素限量

（3）术语与定义

① 天然硒　食品中自然含有的，非添加入食品中硒元素。

② 富硒含量　食品中的硒元素含量未超出界定指标并符合一定区间值。

（4）指标要求　食品中硒含量指标应符合表 3-7 规定。

表 3-7　食品中富硒含量标准 （DB 6124.01—2010）

序号	项目		指标/(毫克/千克)
1	成品粮及制品	成品粮	0.02～0.30
		粮食加工制品	0.005～0.30
2	豆类及制品	豆类	0.02～0.30
		豆制品	0.005～0.30
3	蔬菜及制品	鲜蔬菜	0.01～0.10
		蔬菜制品	0.02～2.00

序号	项目		指标/(毫克/千克)
4	水果及制品	水果 水果制品	0.01～0.05 0.005～0.05
5	肉类及制品	鲜肉 肉制品	0.02～0.50 0.05～2.00
6	水产及制品		0.02～1.00
7	蛋类及制品		0.02～0.50
8	糕点		0.01～0.50
9	蜂产品		0.01～0.50
10	食用动、植物油		0.005～0.50
11	调味品类		0.01～1.00
12	饮料类		0.01～0.05
13	酱油、食醋		0.005～0.50
14	魔芋制品	粉类 食品类	0.50～10.00 0.02～0.50
15	茶叶、代用茶及含茶制品		0.05～5.00
16	酒类		0.01～0.05
17	炒货食品、坚果及制品		0.01～1.00
18	淀粉及制品	淀粉 淀粉制品	0.05～1.00 0.005～1.00
19	食用菌	干基 湿基	0.10～10.00 0.05～5.00

注：1. 山野菜（包括竹笋）硒含量指标与 3 项同。

2. 人工饲养野生动物肉及肉制品、蛋类硒含量指标与 5、7 项同。

（5）检验方法

① 茶叶、代用茶及含茶制品按照 GB/T 21729 规定的方法测定。

② 饮料类的生活饮用水按照 GB/T 5750.6 规定的方法测定。

③ 饮料类的饮用天然矿泉水按照 GB/T 8538 规定的方法测定。

④ 成品粮按照 NY 861 规定的方法测定。

⑤ 其他富硒食品按照 GB/T 5009.93 规定的方法测定。

参 考 文 献

[1] 曹志平．有机农业［M］．北京：化学工业出版社，2009.
[2] 陈德明，郁樊敏．蔬菜标准化生产技术规范［M］．上海：上海科学技术出版社，2013.
[3] 陈华荣．一种富锌茄子栽培方法：中国，CN 103098625 A［P］.2013-05-15.
[4] 段昌群．无公害蔬菜生产理论与调控技术［M］．北京：科学出版社，2006.
[5] 廖自基．微量元素的环境化学及生物效应［M］．北京：中国环境科学出版社，1992：113.
[6] 刘建萍．出口辣椒安全生产技术［M］．济南：山东科学技术出版社，2007.
[7] 梅家训．葱蒜茄果类蔬菜施肥技术［M］．北京：金盾出版社，2007.
[8] 裴孝伯．绿色蔬菜配方施肥技术［M］．北京：化学工业出版社，2011.
[9] 上海有机蔬菜工程技术研究中心．有机蔬菜种植技术手册［M］．上海：上海交通大学出版社，2015.
[10] 宋元林，武道留．强化营养蔬菜栽培技术［M］．济南：济南出版社，1998.
[11] 苏崇森．现代实用蔬菜生产新技术［M］．北京：中国农业出版社，2002.
[12] 王迪轩，何永梅，王雅琴．有机蔬菜生产技术与质量管理［M］．北京：化学工业出版社，2014.
[13] 王迪轩．有机蔬菜生产技术与质量管理［M］．北京：化学工业出版社，2015.
[14] 王迪轩．有机蔬菜栽培技术［M］．北京：化学工业出版社，2015.
[15] 胥志文，张林约．胡萝卜绿色栽培与深加工［M］．咸阳：西北农林科技大学出版社，2012.
[16] 徐坤等．绿色食品蔬菜生产技术全编［M］．北京：中国农业出版社，2002.
[17] 徐卫红．有机蔬菜栽培实用技术［M］．北京：化学工业出版社，2014.
[18] 姚素梅．肥料高效施用技术［M］．北京：化学工业出版社，2014.
[19] 张惠梅，胡喜来．胡萝卜、萝卜标准化生产［M］．郑州：河南科学技术出版社，2011.